會計師掛保證

100張圖讓你選好股真利多

前言

Preface

每一個想看看財務報表的人，背後都有著一個強烈的動機，或者是急需解決的疑惑（例：這家公司，值得投資嗎？），或者是迫切需澄清的課題（例：這家公司的股票，我該出脫？還是續抱呢？）。看懂財務報表，不僅為這些疑惑提供正確思考方向，財務報表，更是波濤洶湧、茫茫股海中的獲利藏寶圖。其實，大家都知道要看財務報表！

但是財務報表，雖然不算艱深，但也不平易近人，「純欣賞」，並不適合它！一長串教人似懂非懂的會計名詞，外加一些號稱會說話的數字，夠不上美感，談不上時尚。但其中隱含企業經營的脈絡與成長軌跡，不僅是企業內部人員分析管理的有力工具，更是許許多多外部人士瞭解企業概況的重要線索。

不論是實際參與企業營運的內部人、或者是一般外部投資人、銀行等債權人，都深切認知想一窺企業經營面貌，需從財務報表入門。但想到財務報表編製過程中，平淡無奇日復一日的記帳工作，套用了複雜艱澀的原則與規定，外部人一想起這些程序已是令人望而生畏，更遑論利用財務報表分析進行各項投資或授信決策。誠然，不可諱言，企業營運過程中龐雜繁複的交易，透過經「專業判斷」而制定的會計制度，進而濃縮彙集成財務報表，若說財務報表已完全反映企業營運全貌，對大多數人而言，那極可能只是各自表述的抽象畫，無怪乎有學者說：會計是一項藝術。甚且，會計師對財務報表查核過後所表示的無保留意見，也僅能說「允當」而非精確。

外部人員對企業的營運狀況產生興趣，常伴隨著各種不同的可能。可能是即將進入企業任職的夥伴，想瞭解企業對員工的福利措施及退休計畫，以便判斷這家企業是否適合自己長遠的人生規劃；亦或是想「騎驢找馬」，也該先弄清楚這頭驢能撐多久，才好讓自己有個完美墊腳石。外部人員，也可能是要給予授信貸款的銀行。白花花的鈔票豈能隨風而逝，當然需要知道企業現在的財務狀況及未來的還款能力，要展現「晴天撐傘雨天收傘」的巧妙智慧，當然要靠財務資訊洞察先機。另外還有一群財務報表的龐大讀者，那正是廣大的股民。

投資股票，在法律關係上是成為公司的股東，即是企業的所有者之一，當然應該時時關心企業營運狀況的良窳，甚且常常督促企業克盡社會責任。只是公司的股東不僅是你我二人，上市櫃公司的股東更是成千上萬的小眾散戶，對於多數未能實際參與企業運作的股東，想關心企業營運，難免力有未逮；但股價時時刻刻的波動，則深深牽動每一位股東的心情。股東最能實際身歷其境的事，就是每年度股東大會的召開，而那難以價格衡量的紀念品，或許呼應著每一位股東對公司無價的殷切期待。

多數的時刻，身為散戶投資者的一員，還是對於能讓自己上天堂的消息較感興趣，深怕錯失良機未能共襄盛舉。但源源不絕的消息，每天有操盤策略，即時有戰情分析，最後再來個大盤解析，投資人若真要無役不與，這其中的交易手續費恐怕已先消耗不少銀彈！更可怕的是誤闖險道入住套房，不知是黎明前的黑暗，還是漫漫長夜的開始。投資股票，消息面固然重要，堅實的企業體質，才是投資人能安渡市場起伏風波的關鍵。本書將聚焦於投資人的角度，以會計師的專業觀點，帶領讀者深入淺出看懂財務報表，讓您以踏實的投資腳步，實現穩健的獲利。

3 評估該公司的財務穩健程度

- 3.1評估整體資產、負債、權益金額之配置關係是否合理與均衡 → 核心簡介3.1
- 3.2利用共同比財務報表，查看二期財務結構有無重大變化 → 核心簡介1.2
- 3.3評估流動性風險，流動資產或速動資產規模是否大於流動負債 → 核心簡介3.2
- 3.4評估應收款項、存貨與營業收入之消長關係是否合理正常 → 核心簡介3.7
- 3.5小心複雜的轉投資關係，將使財務報表失去可透視性 → 核心簡介3.12
- 3.6評估企業償債能力是否充足，可動用融資額度與財務彈性是否穩健 → 核心簡介3.25

4 重要附註搶先看

- 4.1首揭公司沿革，有助了解公司歷史暨營運範疇之概況 → 核心簡介1.9
- 4.2四大主要報表重要項目之附註索引比對，小心看不懂的就是風險 → 核心簡介3.5
- 4.3留意：關係人交易、或有負債、未認列合約承諾、訴訟、期後事項等 → 核心簡介3.23

財報不知從何看起：
不妨聽聽**資深會計師**如何說

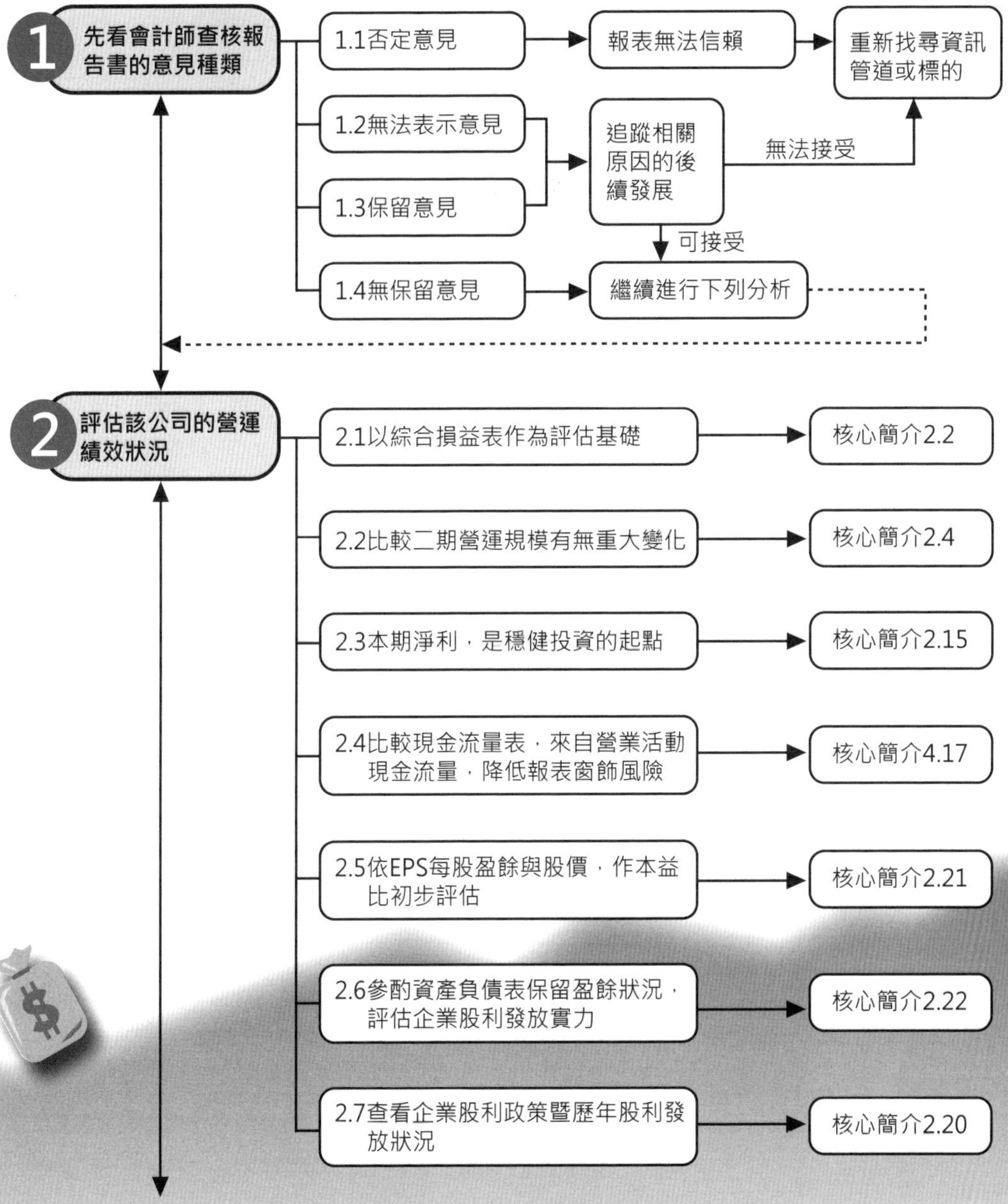
1
先看會計師查核報告書的意見種類
1.1否定意見
報表無法信賴
重新找尋資訊管道或標的
1.2無法表示意見
1.3保留意見
追蹤相關原因的後續發展
無法接受
可接受
1.4無保留意見
繼續進行下列分析
2
評估該公司的營運績效狀況
2.1以綜合損益表作為評估基礎
核心簡介2.2
2.2比較二期營運規模有無重大變化
核心簡介2.4
2.3本期淨利，是穩健投資的起點
核心簡介2.15
2.4比較現金流量表，來自營業活動現金流量，降低報表窗飾風險
核心簡介4.17
2.5依EPS每股盈餘與股價，作本益比初步評估
核心簡介2.21
2.6參酌資產負債表保留盈餘狀況，評估企業股利發放實力
核心簡介2.22
2.7查看企業股利政策暨歷年股利發放狀況
核心簡介2.20

本書為您呈現架構	您一定要知道的內容	建議參考章節
為自己奠定永續基本功	認識企業各項營運活動資訊如何收集	1.2、1.3、1.10、1.11
	直擊取得企業第一手財務報表	1.4、1.5～1.9
	專家初步把關意見及按圖索驥	1.13、1.12
認識投資標的		
取得財務報表		1.4
營收獲利面剖析	『綜合損益表』的關鍵地位	2.2
	領先指標，簡易觀察法則	2.3
	獲利能力四大觀察指標	2.7、2.9、2.12、2.15
	認清投資屬性，EPS與本益比面面觀	2.1～2.23
	定存概念股典型比較	2.24
資產財務面剖析	『資產負債表』的重要角色	3.1
	流動資產、現金、應收款項、存貨、產能解讀策略	3.2～3.9、3.14
	迷霧森林指南針：轉投資與關係人交易	3.10、3.12、3.13
	資產概念股解讀策略	3.15、3.18
	會計也會變魔術!	3.16、3.17、3.23
	小心!別踩到地雷	3.11、3.20～3.25
	舉足輕重的『現金流量表』	4.16～4.19
建立自己的投資智庫	認清「股東」與「權益」的本質	4.1～4.5、4.8、4.9
	股息紅利的多樣面貌	2.20～2.23、4.6、4.7
	別忽視了租稅因素	4.10～4.12
	一定要知道的交易成本	4.15
	轉投資架構策略性思考	4.13

導讀：了解自己，認清財報，投資的好開始！

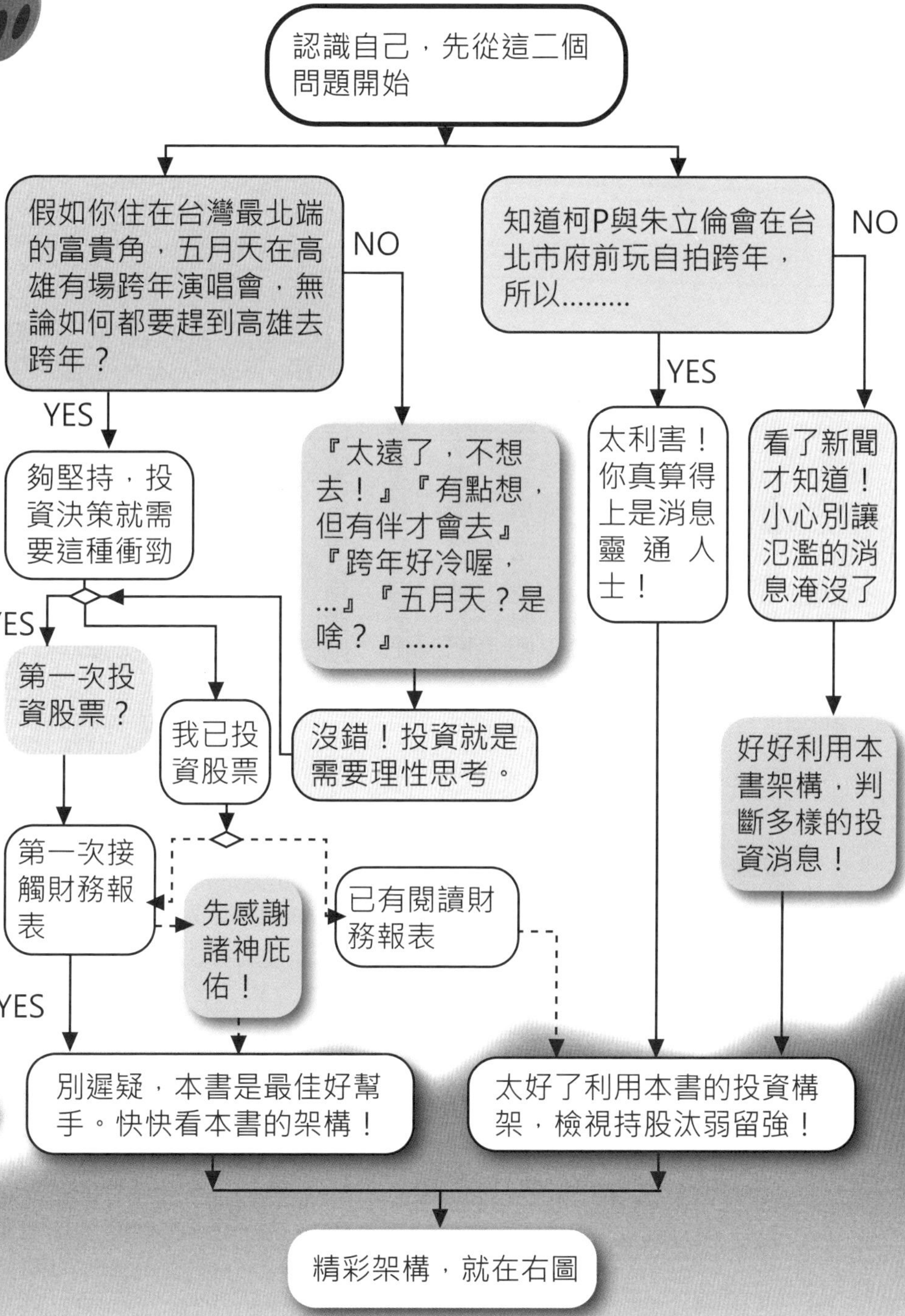
認識自己，先從這二個問題開始
假如你住在台灣最北端的富貴角，五月天在高雄有場跨年演唱會，無論如何都要趕到高雄去跨年？
NO
YES
夠堅持，投資決策就需要這種衝勁
『太遠了，不想去！』『有點想，但有伴才會去』『跨年好冷喔，…』『五月天？是啥？』……
YES
第一次投資股票？
我已投資股票
沒錯！投資就是需要理性思考。
第一次接觸財務報表
先感謝諸神庇佑！
已有閱讀財務報表
YES
別遲疑，本書是最佳好幫手。快快看本書的架構！
知道柯P與朱立倫會在台北市府前玩自拍跨年，所以………
NO
YES
太利害！你真算得上是消息靈通人士！
看了新聞才知道！小心別讓氾濫的消息淹沒了
好好利用本書架構，判斷多樣的投資消息！
太好了利用本書的投資構架，檢視持股汰弱留強！
精彩架構，就在右圖

目錄

Contents

第二章

你投資的企業真的有賺錢嗎：綜合損益表字字珠璣

目錄

目錄

第1章

讓你不再盲目投資：

認識一下
財務報表吧！

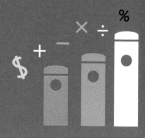

縱使有明牌指引，閱讀財務報表仍是必需的。不僅要看，更要看清楚，最重要的是看懂財務報表所建構呈現出的實質經濟內涵。

所謂財務報表，包括二大部份：主要財務報表與報表附註。所謂主要財務報表，係指下列四張相互關聯的報表：資產負債表、綜合損益表、權益變動表、現金流量表。讀完本章，你將不再是個盲目的投資人。

1-1 財務報表是指哪些報表

談到投資股票，不論是證券分析師或是專業投資人，除非你憑藉的是能預知未來的明牌，或是極為可靠的內幕訊息；否則不參考投資標的的財務資訊，任何的投資決策都是盲目與盲從。縱使有明牌指引，閱讀財務報表仍是必需的。不僅要看，更要看清楚，最重要的是看懂財務報表所建構呈現出的實質經濟內涵。

財務報表是四張相互關聯的報表

所謂財務報表，包括二大部份：主要財務報表與報表附註。所謂主要財務報表，係指下列四張相互關聯的報表。

1.資產負債表：係反映企業特定日之財務狀況，其構成要素如下：

(1)資產：指因過去事項所產生之資源，該資源由企業控制，並預期帶來經濟效益之流入。

(2)負債：指因過去事項所產生之現時義務，預期該義務之清償，將導致經濟效益之資源流出。

(3)權益：指資產減去負債之剩餘權利。

2.綜合損益表：係反映企業報導期間之經營績效，其要素如下：

(1)收益：指報表報導期間經濟效益之增加，以資產流入、增值或負債減少等方式增加權益。但不含企業主或股東投資而增加之權益。

(2)費損：指報表所報導期間經濟效益之減少，以資產流出、消耗或負債增加等方式減少權益。但不包含分配給企業主或股東而減少之權益。

3.權益變動表：表達一企業在特定期間內，股東對於企業所擁有權益的增減變動情形及其餘額結果。

4.現金流量表：以現金實際收付的觀點，重新彙整企業在特定期間的營運活動，造成現金流入與流出的變化情況。該報表的編製方式，係將企業所有營運活動按三大類進行分類，即營業活動、投資活動、籌資活動；藉由此三大類呈現期初到期末之間，企業現金餘額的消長變化。

財務報表的基本組成

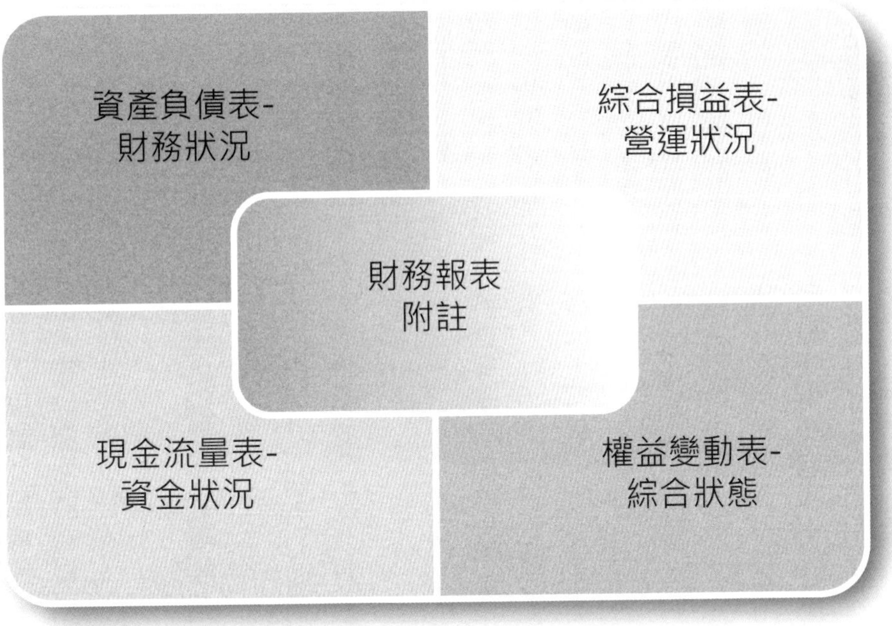

上市（櫃）公司網路資料查找速解

1. 各年度EPS：YAHOO!奇摩入口網／服務列表，點選「股市」（https://tw.stock.yahoo.com/）／輸入股票代號或名稱／個股資料，點選「基本」／即可於取得查詢標的最近四年每股盈餘統計資料。
2. 各年度股利發放狀況：依上述操作，再於畫面中點選「股利政策」，即可取最近十年度股利發放狀況統計資料。

資料來源：作者整理

1-2 企業營運活動如何放到財務報表

算計與計算，是真有必須的。只是該由何處下手？

早期農業時代自給自足，一切大小事情自己心知肚明即可，雖說是靠天吃飯，但仍需有所盤算，才能寅支卯糧運籌帷幄。漸次社會活動擴大為以物易物、輸有運無，乃至全球化貿易的今日，為了因應交易質與量多樣化與複雜化的趨勢，商家企業需衡量財貨的交易成本與自身的利潤，為有限資源做最佳調度安排。

消費者需評估財務狀況以量入為出，投資者需慎選投資標的，以求消極保本積極獲利；銀行融資需信用評等篩選優質客戶，以降低倒帳風險。這些事，透過運用財務報表通通能辦到。

股本投資是企業起始的第一步

如同每一個人的成長歷程一般，企業的建立亦有其共同的脈絡。

每一個企業的誕生，都源自於創業家心中的偉大夢想。千里之行始於足下，萬丈高樓也需從平地起。

帝國霸業的建立，股本的投資是起始的第一步。之後為營運的需要購置資產設備，建立開疆闢土的根基；緊接著的，即是將自身的商品推向交易的戰場。目標再崇高，理想再遠大，仍不能免俗：賺錢最重要，營利為目的。

企業獲利資金方能挹注

企業營業活動有獲利，資金才能如活水般持續挹注，除能擴大產能提升營運規模外，另一方面也能以股息紅利，回饋股東的投資；進而吸引更多投資者的加入，如此生生不息，建構一個完美的循環體制。

企業活動與財務報表

經營活動與損益表 / 資產負債表之連結

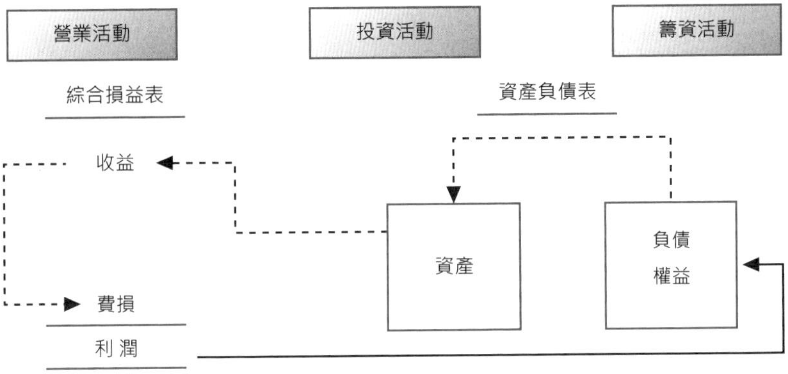

報表名稱	編製目的與功能
資產負債表	1.經由列示特定日期企業所擁有的資產、負債及權益的內容及金額，以為表達企業在該特定日期財務狀況的報表。 2.在本報表中具體呈現出「資產＝負債＋權益」的平衡關係，且可由此看出企業取得資金的來源結構（即負債＋權益）及各項資金的投資與運用（即資產）。 3.資產負債表雖然係靜態的報表，但使用者可以動態的觀點進行分析： (1) 資產，代表企業目前已完成的投資配置，亦隱含未來可產生資金回收的來源。 (2) 負債及權益，代表企業為達到目前營運規模的資金來源，舉借的資金歸屬於負債，股東提供之資金則列在權益項下。負債與權益亦象徵企業未來必需支付或清償的資金負擔。
綜合損益表	1.表達企業於某一段期間的經營成果績效。 2.透過這張報表不僅可看到企業營運的獲利狀況，更可看到此一營運結果的構成項目。即營業收入、營業成本、營業費用、營業外收入及支出、所得稅及其他綜合損益的金額與相對百分比。經由組成結構之分析，可為管理人員調整行銷組合、改善企業獲利，提供決策參考。
現金流量表	表達企業於某一特定期間內營業活動、投資活動及籌資(理財)活動的現金流量，讓報表使用者可瞭解企業在此一期間內現金收支的情況且說明了期初到期末之間現金餘額的變化，並提供了企業從事投資活動與籌資活動的相關訊息。
權益變動表	說明某一期間內業主權益的增減變動情形及其餘額結果。業主權益隨著企業組織之不同而有不同的名稱，在獨資企業中稱為資本主權益，合夥組織中稱為合夥人權益，而公司組織則稱為股東權益，實務上應視實際情況應用之。

資料來源：作者整理

1-3 企業營運資訊彙整

企業每天所發生包羅萬象鉅細靡遺的營運事項，只要與「錢」有關，都會記錄到「會計系統」中，經過彙整處理後產製出財務報表。

「會計」，最通常的聯想是記帳。但千萬不可就將會計與單純的記帳劃上等號。

審視企業價值創造過程

嚴謹的來說，會計在企業組織中，主要扮演著資料蒐集與處理，資訊傳達與報導的角色。內部管理人員在進行績效評估與制定決策與控制之時，會計能針對部門別或專案別投資計畫提供執行結果的資訊。

在進行成本分析時，會計資訊能協助企業透視在取得生產要素、加工製造、產品與服務的遞送通路及各項行銷活動成本的投入與價值的創造。

會計是有系統的經濟資料蒐集作業程序

「會計」是一項有系統的經濟資料蒐集作業程序，透過下圖我們可約略描繪出會計的輪廓。

我們可以說：

(1)會計是一項動態活動，或者視其為一個資訊系統，其中包括了處理與彙整經濟資料的程序暨資訊報導與溝通的活動；

(2)而進入會計系統的資料為與某一特定企業個體有關的各項經濟資訊；

(3)會計系統經由持續性的蒐集經濟資料；並將各交易事項加以分析、彙整，同時衡量這些交易事項對企業財務狀況的影響；

(4)再依循一套大家公認的標準原則及程序（即一般公認會計原則）及企業本身的相關規定加以記錄、分類、彙總成財務報表；

(5)最後經由財務報表，將企業經營活動的訊息傳遞給資訊使用者，以幫助其完成各種決策。

企業營運資訊

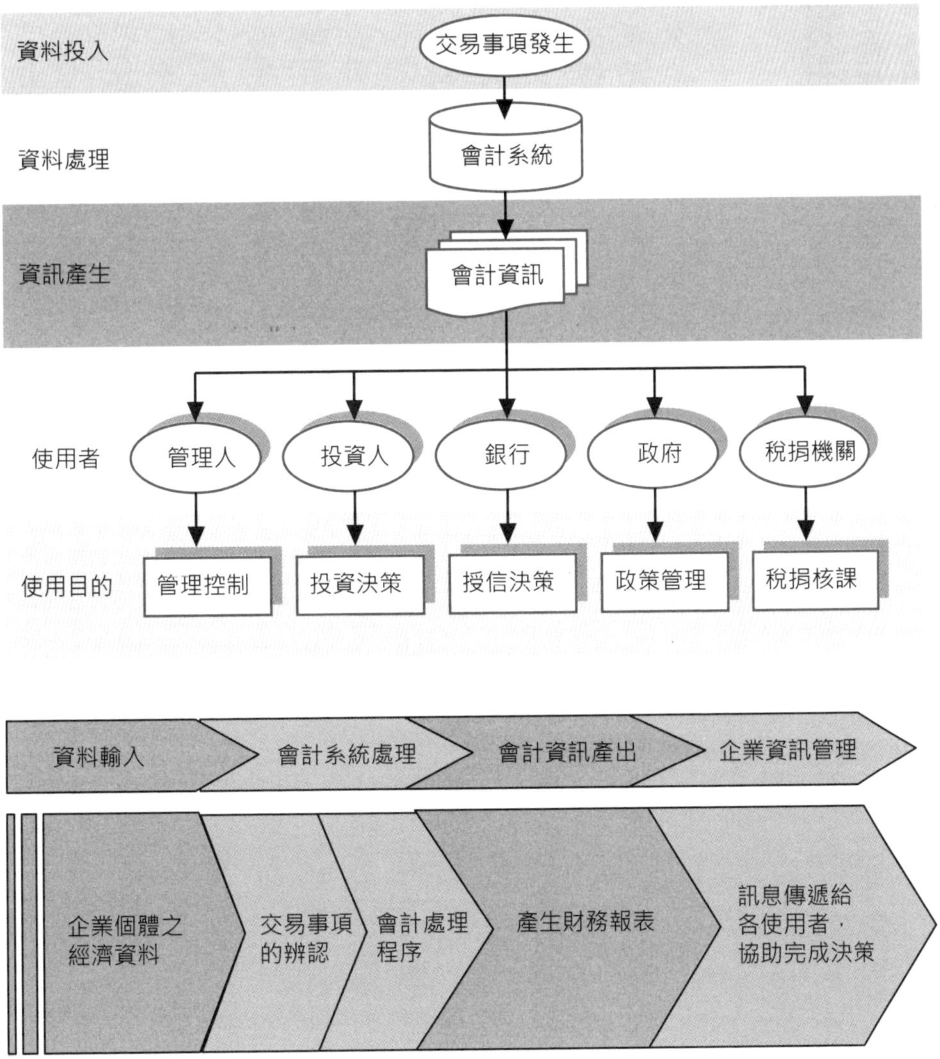
資料投入
交易事項發生
資料處理
會計系統
資訊產生
會計資訊
使用者
管理人
投資人
銀行
政府
稅捐機關
使用目的
管理控制
投資決策
授信決策
政策管理
稅捐核課
資料輸入
會計系統處理
會計資訊產出
企業資訊管理
企業個體之經濟資料
交易事項的辨認
會計處理程序
產生財務報表
訊息傳遞給各使用者，協助完成決策

資料來源：作者整理

1-4 企業財務報表該從何處取得

還記得電視上在每段基金廣告後，緊接著以迅雷不及掩耳的速度，播放的警語嗎？或者是印在DM角落上密密麻麻的那串文字：「本基金經金管會核准生效，惟不表示絕無風險，基金經理公司以往之經理績效不保證基金之最低投資收益；基金經理公司除盡善良管理人之注意義務外，不負責各基金之盈虧，亦不保證最低之收益，投資人申購前應詳閱基金公開說明書。」

進行投資前需審閱財務資料

重點即是在提醒投資人，投資風險盈虧需自負，不能仰賴基金公司或基金經理人，投資人申購前一定要詳細審閱公開說明書。投資股票亦復如是，雖不一定能取得被投資公司的公開說明書，但至少也應詳閱被投資公司的財務報表。只是透過金融機構的理財專員買基金，各項精美分析資料自是一應俱全。一般散戶投資者，則需自立自強，為自己建立可靠的消息來源管道。以下即介紹幾個取得台灣上市櫃公司財務資訊的便捷途徑：

1.臺灣證券交易所－公開資訊觀測站（網址：http://mops.twse.com.tw/mops/web/index）。本網站除了上市櫃公司、興櫃公司與公開發行公司的財務報表外，尚有各公司的基本資料、股東會及股利、重大訊息公告等資料，是投資人瞭解被投資公司概況的好幫手。

2.被投資公司自行公告訊息，通常可於上市櫃公司自家網站之股務專區或財務報表專區取得相關資訊。

3.備置於證券商營業處之公開說明書中亦有財務報表資料可供參閱。

4.其他。被投資公司或財經雜誌自行印製的統計資料。例：工商時報編輯之《四季報》。

中小企業財報資訊應審慎

若被投資公司為一般中小企業，則財務報表的取得，完全需由被投資公司自主提供。且通常一般中小企業之財務報表，未經會計師查核簽證，資訊是否允當有待確認，投資人應多抱持謹慎態度。

由公開資訊觀測站取得財報資料

公開資訊觀測站http://mops.twse.com.tw/mops/web/index

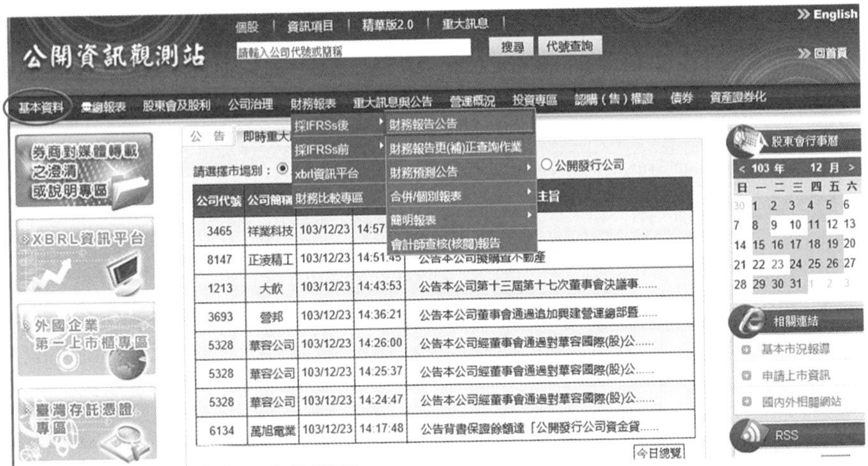

或者可由此點擊，
下拉後點選「電子書」，
依頁面指示下載各年度完整財務報告。

點選『財務報表』，依網站說明輸入欲查詢的上市櫃公司代號或簡稱，即可取得簡明財務報表資料，若欲查詢完整資訊，可點選XBRL資訊平台。

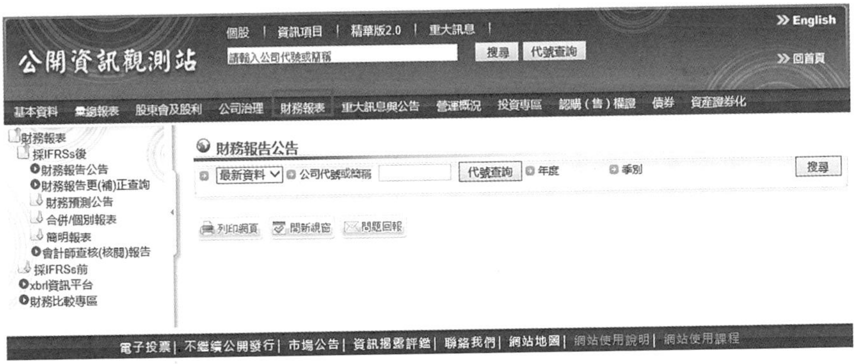

資料來源：台灣證券交易所

1-5 一起來看資產負債表吧

資產負債表，係經由列示特定日期企業所擁有的資產、負債及權益的內容及金額，以為表達企業在該「特定日期」財務狀況的報表。

雖然企業可依需要隨時編製財務報表，但一般外部投資人並無法取得這類的即時資訊。因為目前上市櫃公司，對外公告財務報表其實係因為法令的強制規定。依我國證券交易法第三十六條，年度財務報告需於會計年度終了後三個月內公告；第一季、第二季、第三季之財務報告則於各期間終了後四十五日內需公告。

資產負債表呈現單一時點的靜態報表

在資產負債表中具體呈現出「資產＝負債＋權益」的平衡關係，且可由此看出企業取得資金的來源結構（即負債＋權益）及各項資金的投資與運用（即資產）。

資產負債表，雖然係一張呈現單一時點的靜態報表，但我們其實可以運用的動態觀點來進行觀察：

1. 資產，是企業目前所擁有的經濟資源；但對於投資者的管理角度，其代表股東投資與債權人借入的資金，企業的運用狀況及目前的投資配置，亦隱含未來可產生資金回收的來源。例如：企業將股東投入的資金，購置機器設備擴充產能，日後產品銷售的利潤即為回饋股東投資的來源。又，若股東的資金，被用以購置企業總部，則投資人應思考這樣的利潤回饋何時可產生？畢竟富麗堂皇的公司門廳，還是不如股利落袋為安來得實在！

2. 負債及權益，代表企業為達到目前營運規模的資金來源，亦象徵企業未來必需支付或清償的資金負擔。屬外部借款，且有到期日需償還的資金，則歸屬於負債項下。股東提供之資金暨非與外部人交易產生的損益，則列在權益項下。權益資金來源，雖無需償還必要，但企業每年度股利之發放，將會深深影響企業未來資金的籌募。

資產負債表

以台積電102年度及101年度之資產負債表為例

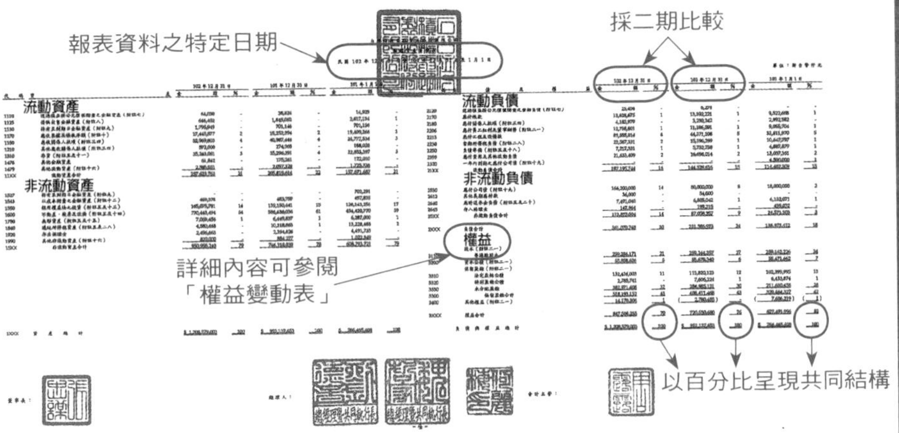

台灣積體電路製造股份有限公司及子公司103年及102年第2季之合併資產負債表

報表資料之特定日期

台灣積體電路製造股份有限公司及子公司

民國103年6月30日、102年12月31日及6月30日

單位：新台幣仟元

代碼	資產	103年6月30日 金額	%	102年12月31日（經查核） 金額	%	102年6月30日（經核閱） 金額	%
	流動資產						
1100	現金及約當現金（附註六）	$ 255,053,573	19	$ 242,695,447	19	$ 225,832,646	20
	⋮						
	非流動資產						
1523	備供出售金融資產（附註八）	-	-	58,721,959	5	49,581,219	4
	⋮						
1XXX	資產總計	$1,345,044,767	100	$1,263,054,977	100	$1,169,885,454	100
	負債及權益						
	流動負債						
2100	短期借款（附註十八）	$ 34,705,206	3	$ 15,645,000	1	$ 31,466,400	3
	非流動負債						
	⋮						
2XXX	負債合計	468,084,473	35	415,279,892	33	423,649,183	36
	歸屬於母公司業主之權益						
3110	股本（附註二二） 普通股股本	259,293,750	19	259,286,171	21	259,283,058	22
	⋮						
36XX	非控制權益（附註二二）	173,780	-	266,830	-	324,516	-
3XXX	權益合計	876,960,294	65	847,775,085	67	746,236,271	64
	負債及權益總計	$1,345,044,767	100	$1,263,054,977	100	$1,169,885,454	100

後附之附註係本合併財務報告之一部分。

董事長：　　經理人：　　會計主管：

-4-

以百分比呈現共同結構

資料來源：台灣證券交易所

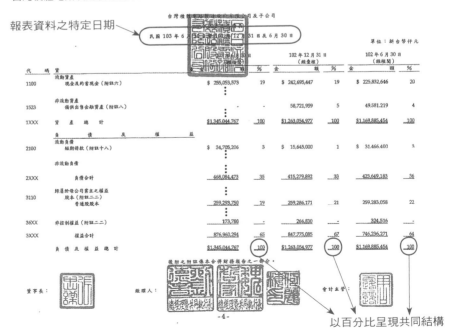

1-6 一起來看綜合損益表吧

人不能窮得只剩下錢，企業更是如此。不僅要有生財管道，更要有生財的好門道。資產負債表，呈現的是財務狀況。企業現在擁有多少資源，日後需償還多少債務。企業必需積極活用資產，創造財富，履行義務，展現出回饋股東的「能力」。（現在我們只談能力，之後我們還有仔細端詳，企業管理當局有多少「誠意」實質回饋股東，詳【2.22】與【2.23】介紹。）這一切即仰賴企業營運的獲利能力，而營運的獲利狀況，即呈現在綜合損益表中。

【附圖】是節錄自公開資訊觀測站，台積電（2330）電子書中的財務報告，一〇二年度個體綜合損益表與一〇三年第二季台積電與子公司的合併綜合損益表。

「個體」，係指報表主體僅包括台積電，至於台積電與其轉投資的子公司或關係企業間的內部交易，則視情況以淨額調整方式，列示於報表中。至於「合併」，是指報表中所列示的金額，包括台積電及其子公司，這些子公司因其財務及營運管理均由台積電所主導，雖然在法律關係上為各自獨立，在其經濟實質有整合觀察考量的必要，因此將其視為一體予以合併。

依規定財務報表需採二期對照方式編列

再者，雖然我們查看的是特定期間的報表，但因我國法令規定，除新成立的企業外，年度財務報表均需採二期對照方式編製。所以當我們查詢台積電一〇二年度財務報表時，一〇一年度之金額亦同時併列表達。

至於類似【附圖】下半的期中綜合損益表，依法令要求必需包括：本期期中期間、本期年初至本期期中期間結束日、前一年度可比較期中期間及前一年度年初至可比較期中期間結束日之相關資料。

綜合損益表

以台積電為例

台灣積體電路製造股份有限公司102年度個體綜合損益表

報表資料期間

採二期對照方式編列

台灣積體……有限公司

民國102年及101……至12月31日

……新台幣仟元，惟每股……餘為元

代碼		102年度 金額	%	101年度 金額	%
4000	營業收入淨額（附註五、二三及三四）	$591,087,600	100	$500,369,525	100
5000	營業成本（附註十一、三十及三四）	319,407,163	54	265,494,185	53
5900	調整前營業毛利	271,680,437	46	234,875,340	47
5920	與子公司及關聯企業間之未實現利益	(35,577)	-	(25,029)	-
5950	營業毛利	271,644,860	46	234,850,311	47
	營業費用（附註五、三十及三四）	⋮			
6000	合　計	66,924,354	11	57,481,083	12
6500	其他營業收益及費損淨額（附註二四及三十）	(66,614)	-	(549,087)	-
6900	營業淨利	204,653,892	35	176,820,141	35
	營業外收入及支出	⋮			
7000	合　計	11,062,658	2	6,932,246	2
7900	稅前淨利	215,716,550	37	183,752,387	37
7950	所得稅費用（附註二八）	27,569,760	5	17,434,101	4
8200	本年度淨利	188,146,790	32	166,318,286	33
	其他綜合損益（附註十三、二				
8300	本年度其他綜合損益（稅後淨額）	16,358,992	3	4,203,257	1
8500	本年度綜合損益總額	$204,505,782	35	$170,521,543	34
	每股盈餘（附註二九）				
9750	基本每股盈餘	$ 7.26		$ 6.42	
9850	稀釋每股盈餘	$ 7.26		$ 6.41	

以營業收入為一百
呈現百分比共同結構

台灣積體電路製造股份有限公司及子公司103年第2季合併綜合損益表

代碼		103年4月1日至6月30日 金額	%	102年4月1日至6月30日 金額	%	103年1月1日至6月30日 金額	%	102年1月1日至6月30日 金額	%
4000	營業收入淨額（附註二四、三二及三七）	$ 183,020,484	100	$ 155,886,320	100	$ 331,235,656	100	$ 288,641,316	100
5000	營業成本（附註十二、二九及三二）	91,823,190	50	79,467,520	51	169,659,283	51	151,456,246	52
5900	調整前營業毛利	91,197,294	50	76,418,800	49	161,576,373	49	137,185,070	48
5920	與關聯企業間之已（未）實現利益	(4,369)	-	3,386	-	16,648	-	6,926	-
5950	營業毛利	91,192,925	50	76,422,186	49	161,593,021	49	137,191,996	48
	營業費用（附註二九及三二）			⋮					
6000	合　計	20,251,755	11	18,792,134	12	38,126,750	12	35,168,438	13
6500	其他營業收益及費損淨額（附註十五及二九）	(227,251)	-	(970)	-	(229,992)	-	33,533	-
6900	營業淨利（附註三七）	70,713,919	39	57,629,082	37	123,236,279	37	102,057,091	35
	營業外收入及支出			⋮					
7000	合　計	3,384,201	2	2,387,597	1	4,163,683	1	3,707,502	2
7900	稅前淨利	74,098,120	41	60,016,679	38	127,399,962	38	105,764,593	37
7950	所得稅費用（附註四及二七）	14,438,263	8	8,255,176	5	19,894,327	6	14,467,547	5
8200	本期淨利	59,659,857	33	51,761,503	33	107,505,635	32	91,297,046	32
	其他綜合損益（附註二二及二七）			⋮					
8300	本期其他綜合損益（稅後淨額）	(3,098,651)	(2)	5,649,911	4	(684,506)	-	11,557,718	4
8500	本期綜合損益總額	$ 56,561,206	31	$ 57,411,414	37	$ 106,821,129	32	$ 102,854,764	36
	本期淨利歸屬予								
		$ 59,659,857	33	$ 51,761,503	33	$ 107,505,635	32	$ 91,297,046	32
	本期綜合損益總額歸屬予			⋮					
		$ 56,561,206	31	$ 57,411,414	37	$ 106,821,129	32	$ 102,854,764	36
	每股盈餘（附註二八）								

董事長：　　經理人：　　會計主管：

以營業收入為一百
呈現百分比共同結構

資料來源：台灣證券交易所

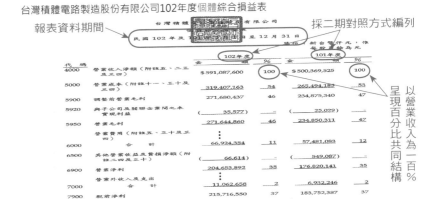

1-7 一起來看權益變動表吧

投資一家公司股票，即成為公司的股東，為公司的所有權人之一，股東之於公司可享有的權益，即濃縮在權益變動表之中。

權益變動表的內涵與組成項目

權益變動表，主要在說明某一段期間內，業主對於企業所擁有權益的增減變動情形及其餘額結果。業主權益最常見的組成項目，包括股本、資本公積、保留盈餘及其他權益項目。

1.股本，係指股東們投入企業之資金，且已向主管機關辦理完成法定登記程序的資本額。但符合負債性質之特別股，雖然在法理上也屬於股東投入的資本，但因其發行條件近乎借款，故不包括在此。

2.資本公積，則用以累計公司因股本交易所產生之價差。例如：公司增資發行新股，發行價格超過股票面額之部份即屬之。

3.保留盈餘或累積虧損，指由營業結果所產生之權益；可依性質分類如下：

(1)法定盈餘公積：指依公司法或其他相關法律規定，自盈餘中指撥之公積。

(2)特別盈餘公積：指依法令或盈餘分派之議案，自盈餘中指撥之公積，以限制股息及紅利之分派者。

(3)未分配盈餘或累積虧損：指未經指撥之可自由運用之盈餘或未經彌補之虧損。盈餘分配或虧損彌補，應俟業主同意或股東會決議後方可登載入帳。

4.業主權益其他項目，指其他造成業主權益增加或減少之項目，包括：

(1)金融商品未實現損益：指備供出售金融資產，依公平價值衡量產生之未實現損益，及適用現金流量避險時避險工具屬有效避險部分之損益。

(2)累積換算調整數：指因外幣交易或外幣財務報表換算所產生之換算調整數。

(3)未實現重估增值：指固定資產、遞耗資產及無形資產依法辦理資產重估價所產生之未實現重估增值。

(4)庫藏股票：指公司收回已發行股票，尚未再出售或註銷者。

台灣積體電路製造股份有限公司102年度及101年度之權益變動表

報表資料期間 →

台灣積體電路製造股份有限公司
權益變動表
民國102年及101年1月1日至12月31日

單位：新台幣仟元，惟每股股利為元

	普通股發行股本 股數（仟股）	普通股發行股本 金額	資本公積	保留盈餘 法定盈餘公積	保留盈餘 特別盈餘公積	保留盈餘 未分配盈餘	保留盈餘合計	其他權益項目 國外營運機構財務報表換算之兌換差額	其他權益項目 備供出售金融資產未實現損益	其他權益項目 現金流量避險	其他權益合計	權益合計
101年1月1日餘額	25,916,222	$ 259,162,226	$ 55,471,662	$ 102,399,995	$ 6,433,874	$ 211,630,458	$ 320,464,327	($ 6,433,364)	($ 1,172,762)	($ 93)	($ 7,606,219)	$ 627,491,996
盈餘分配												
法定盈餘公積	-	-	-	13,420,128	-	(13,420,128)	-	-	-	-	-	-
提列特別盈餘公積	-	-	-	-	1,172,350	(1,172,350)	-	-	-	-	-	-
現金股利－每股 3.00 元	-	-	-	-	-	(77,748,668)	(77,748,668)	-	-	-	-	(77,748,668)
盈餘分配合計	-	-	-	13,420,128	1,172,350	(92,341,146)	(77,748,668)	-	-	-	-	(77,748,668)
101年度淨利	-	-	-	-	-	166,318,286	166,318,286	-	-	-	-	166,318,286
101年度稅後其他綜合損益	-	-	-	-	-	(622,477)	(622,477)	(4,320,442)	9,146,083	93	4,825,734	4,203,257
101年度綜合損益總額	-	-	-	-	-	165,695,809	165,695,809	(4,320,442)	9,146,083	93	4,825,734	170,521,543
員工行使認股權發行新股	8,213	82,131	160,357	-	-	-	-	-	-	-	-	242,488
採用權益法認列之子公司及關聯企業股權淨值之變動數	-	-	2,588	-	-	-	-	-	-	-	-	2,588
對子公司持股比例變動之調整	-	-	40,733	-	-	-	-	-	-	-	-	40,733
101年12月31日餘額	25,924,435	259,244,357	55,675,340	115,820,123	7,606,224	284,985,121	408,411,468	(10,753,806)	7,973,321	-	(2,780,485)	720,550,680
盈餘分配												
法定盈餘公積	-	-	-	16,615,880	-	(16,615,880)	-	-	-	-	-	-
迴轉特別盈餘公積	-	-	-	-	(4,820,483)	4,820,483	-	-	-	-	-	-
現金股利－每股 3.00 元	-	-	-	-	-	(77,773,307)	(77,773,307)	-	-	-	-	(77,773,307)
盈餘分配合計	-	-	-	16,615,880	(4,820,483)	(89,568,704)	(77,773,307)	-	-	-	-	(77,773,307)
102年度淨利	-	-	-	-	-	188,146,790	188,146,790	-	-	-	-	188,146,790
102年度稅後其他綜合損益	-	-	-	-	-	(591,799)	(591,799)	3,613,444	13,337,460	(113)	16,950,791	16,358,992
102年度綜合損益總額	-	-	-	-	-	187,554,991	187,554,991	3,613,444	13,337,460	(113)	16,950,791	204,505,782
員工行使認股權發行新股	4,182	41,814	82,756	-	-	-	-	-	-	-	-	124,570
採用權益法認列之子公司及關聯企業股權淨值之變動數	-	-	38,084	-	-	-	-	-	-	-	-	38,084
對子公司持股比例變動之調整	-	-	62,446	-	-	-	-	-	-	-	-	62,446
102年12月31日餘額	25,928,617	$ 259,286,171	$ 55,858,626	$ 132,436,003	$ 2,785,741	$ 382,971,408	$ 518,193,152	($ 7,140,362)	$ 21,310,781	($ 113)	$ 14,170,306	$ 847,508,255

各項日期末餘額，即資產負債表中「權益」之內容

資料來源：台灣證券交易所

台灣積體電路製造股份有限公司及子公司103年及102年第2季之合併權益變動表

台灣積體電路製造股份有限公司及子公司

合併權益變動表

民國102年及101年1月1日至12月31日

單位：新台幣仟元，惟每股股利為元

	歸屬於母公司業主之權益													
	普通股發行股本			保留盈餘				其他權益項目						
	股數（仟股）	金額	資本公積	法定盈餘公積	特別盈餘公積	未分配盈餘	保留盈餘合計	國外營運機構財務報表換算之兌換差額	備供出售金融資產未實現損益	現金流量避險	其他權益合計	母公司業主權益合計	非控制權益	權益合計
101年1月1日餘額	25,916,222	$ 259,162,226	$ 55,471,662	$ 102,399,995	$ 6,433,874	$ 211,630,458	$ 320,464,327	($ 6,433,364)	($ 1,172,762)	($ 93)	($ 7,606,219)	$ 627,491,996	$ 2,436,649	$ 629,928,645
盈餘分配														
法定盈餘公積	-	-	-	13,420,128	-	(13,420,128)	-	-	-	-	-	-	-	-
提列特別盈餘公積	-	-	-	-	1,172,350	(1,172,350)	-	-	-	-	-	-	-	-
現金股利—每股3.00元	-	-	-	-	-	(77,748,668)	(77,748,668)	-	-	-	-	(77,748,668)	-	(77,748,668)
盈餘分配合計	-	-	-	13,420,128	1,172,350	(92,341,146)	(77,748,668)	-	-	-	-	(77,748,668)	-	(77,748,668)
101年度淨利	-	-	-	-	-	166,318,286	166,318,286	-	-	-	-	166,318,286	(194,484)	166,123,802
101年度稅後其他綜合損益	-	-	-	-	-	(622,477)	(622,477)	(4,320,442)	9,146,083	93	4,825,734	4,203,257	49,375	4,252,632
101年度綜合損益總額	-	-	-	-	-	165,695,809	165,695,809	(4,320,442)	9,146,083	93	4,825,734	170,521,543	(145,109)	170,376,434
員工行使認股權發行新股	8,213	82,131	160,357	-	-	-	-	-	-	-	-	242,488	-	242,488
子公司員工認股權酬勞成本	-	-	-	-	-	-	-	-	-	-	-	-	6,219	6,219
採用權益法認列之關聯企業及合資股權淨值之變動數	-	-	2,588	-	-	-	-	-	-	-	-	2,588	-	2,588
對子公司持股比例變動之調整	-	-	40,733	-	-	-	-	-	-	-	-	40,733	(40,733)	-
非控制權益增加	-	-	-	-	-	-	-	-	-	-	-	-	286,200	286,200
101年12月31日餘額	25,924,435	259,244,357	55,675,340	115,820,123	7,606,224	284,985,121	408,411,468	(10,753,806)	7,973,321	-	(2,780,485)	720,550,680	2,543,226	723,093,906
盈餘分配														
法定盈餘公積	-	-	-	16,615,880	-	(16,615,880)	-	-	-	-	-	-	-	-
迴轉特別盈餘公積	-	-	-	-	(4,820,483)	4,820,483	-	-	-	-	-	-	-	-
現金股利—每股3.00元	-	-	-	-	-	(77,773,307)	(77,773,307)	-	-	-	-	(77,773,307)	-	(77,773,307)
盈餘分配合計	-	-	-	16,615,880	(4,820,483)	(89,568,704)	(77,773,307)	-	-	-	-	(77,773,307)	-	(77,773,307)
102年度淨利	-	-	-	-	-	188,146,790	188,146,790	-	-	-	-	188,146,790	(127,853)	188,018,937
102年度稅後其他綜合損益	-	-	-	-	-	(591,799)	(591,799)	3,613,444	13,337,460	(113)	16,950,791	16,358,992	(6,744)	16,352,248
102年度綜合損益總額	-	-	-	-	-	187,554,991	187,554,991	3,613,444	13,337,460	(113)	16,950,791	204,505,782	(134,597)	204,371,185
員工行使認股權發行新股	4,182	41,814	82,756	-	-	-	-	-	-	-	-	124,570	-	124,570
子公司員工認股權酬勞成本	-	-	-	-	-	-	-	-	-	-	-	-	5,312	5,312
採用權益法認列之關聯企業及合資股權淨值之變動數	-	-	38,084	-	-	-	-	-	-	-	-	38,084	-	38,084
對子公司持股比例變動之調整	-	-	62,446	-	-	-	-	-	-	-	-	62,446	(62,446)	-
非控制權益增加	-	-	-	-	-	-	-	-	-	-	-	-	188,488	188,488
除列子公司影響數	-	-	-	-	-	-	-	-	-	-	-	-	(2,273,153)	(2,273,153)
102年12月31日餘額	25,928,617	$ 259,286,171	$ 55,858,626	$ 132,436,003	$ 2,785,741	$ 382,971,408	$ 518,193,152	($ 7,140,362)	$ 21,310,781	($ 113)	$ 14,170,306	$ 847,508,255	$ 266,830	$ 847,775,085

各項日期末餘額，即資產負債表中「權益」之內容

資料來源：台灣證券交易所

一起來看 1-8 現金流量表吧

「現金流量表」有別於其他報表編製時是採用「權責基礎」或「應計基礎」，這張報表則是以「現金實際完成收付」的觀點，重新彙整企業在特定期間的整體營運狀況，並依各營運活動的經濟特質，分為三大類，以此說明企業期初至期末之間現金餘額的變化。我們可用以觀察該企業營運產生現金的能力，一旦企業現金發生短缺，則如同人類缺氧，其嚴重性可見一般。

可藉投資活動觀察企業長期營運佈局

前述三大類活動，即營業活動、投資活動及籌資活動。

1.營業活動，其內容即為企業主要經營活動，與綜合損益表有許多相似之處。二者主要差別，在於綜合損益表是以權責基礎進行編製，再透過調整當期尚未實際現金收付的項目，就成了現金流量表中的營業活動，顯示出企業在這段期間實際賺了多少「錢」。

2.投資活動，包括企業為賺取報酬的理財行為、或為建構策略夥伴關係的轉投資，暨因長期性資產購置或處分所造成現金的流動。我們可以宏觀的角度藉此類活動，觀察企業中長期的營運佈局。

3.籌資活動，表達的是企業資金融通狀況所造成的現金流動，包括舉借或償還負債、股東投入資金或支付股利等。

【附圖】列示了台積電（2330）一〇二年度及一〇三年第二季的現金流量表，該報表同時列示了上期資料以供比較。報表的如同前述，以三大類別進行編製，第一類營業活動現金流量，起始項目為「稅前淨利」，接著是調整「不影響現金流量之收益費損項目」，其中常見的項目即為加計折舊費用或攤銷費用，千萬別誤會！這不是表示折舊與攤銷，會使企業有現金流入，而是因為這些項目在編製當期綜合損益表時已視為費損予以扣減，但實際的現金流出，其實是在資產設備購入時即發生，故予以調整。詳細狀況，將於第三章進行探討。

台灣積體電路製造股份有限公司及子公司103年及102年第2季之合併現金流量表

採二期對照方式編列

台灣積體電路製造股份有限公司及子公司

合併現金流量表

民國 103 年及 102 年 1 月 1 日至 6 月 30 日

（僅經核閱，未依一般公認審計準則查核）

單位：新台幣仟元

	103年1月1日至6月30日	102年1月1日至6月30日
營業活動之現金流量：		
稅前淨利	$127,399,962	$105,764,593
不影響現金流量之收益費損項目：	⋮	
因避險有效而認列之利益	(78,109)	(1,657,824)
與營業活動相關之資產／負債淨變動數		
衍生金融工具	(82,244)	140,919
應收票據及帳款淨額	(14,774,504)	(22,223,842)
應收關係人款項	(171,024)	(510,193)
其他應收關係人款項	13,258	(19,275)
存　　貨	($ 13,459,372)	($ 997,563)
	⋮	
應計退休金負債	(383)	(1,194)
營運產生之現金	199,212,436	163,143,293
支付所得稅	(22,602,632)	(14,334,965)
營業活動之淨現金流入	176,609,804	148,808,328
投資活動之現金流量：		
取得備供出售金融資產	(91,592)	(10,102)
取得以成本衡量之金融資產	(3,773)	(16,616)
取得持有至到期日金融資產	(1,396,723)	-
	⋮	
處分不動產、廠房及設備價款	114,987	111,008
存出保證金增加	(25,460)	(23,124)
存出保證金減少	59,041	52,333
除列子公司之淨現金流出（附註三十）	-	(979,910)
投資活動之淨現金流出	(182,354,151)	(153,664,398)
籌資活動之現金流量：		
	⋮	
員工行使認股權發行新股	33,487	110,175
非控制權益增加（減少）	(45,527)	217,860
籌資活動之淨現金流入	18,296,977	86,029,098
匯率變動對現金及約當現金之影響	(194,504)	1,249,030
本期現金及約當現金淨增加數	12,358,126	82,422,058
期初現金及約當現金餘額	242,695,447	143,410,588
期末現金及約當現金餘額	$255,053,573	$225,832,646

分為營業活動、投資活動、籌資活動三大類

即「資產負債表」上之現金與約當現金餘額

後附之附註係本合併財務報告之一部分。

董事長：　　經理人：　　會計主管：

總經理暨共同執行長　總經理暨共同執行長

資料來源：台灣證券交易所

台灣積體電路製造股份有限公司102年度及101年度之現金流量表

台灣積體電路製造股份有限公司
個體現金流量表
民國102年及101年1月1日至12月31日 ← 報表資料期間

單位：新台幣仟元

「綜合損益表」上之稅前淨利，作為編製起點。（間接法）

	102年度	101年度
營業活動之現金流量：		
稅前淨利	$215,716,550	$183,752,387
不影響現金流量之收益費損項目：		
折舊費用	147,266,825	122,377,815
攤銷費用	2,072,926	2,022,064
財務成本	2,092,236	945,114
採用權益法認列之子公司及關聯企業損益份額	(9,530,933)	(8,175,390)
利息收入	(1,011,301)	(867,227)
處分不動產、廠房及設備與無形資產淨損	64,753	125,488
不動產、廠房及設備減損損失	-	418,330
金融資產減損損失	-	2,677,529
處分備供出售金融資產淨益	(846,709)	(110,634)
處分以成本衡量之金融資產淨損（益）	(42,664)	269
處分關聯企業淨損（益）	656	(4,977)
除列子公司利益	(293,578)	-
與子公司及關聯企業間之未實現利益	35,577	25,029
外幣兌換淨損（益）	315,098	(3,143,506)
股利收入	(71,125)	(69,676)
與營業活動相關之資產／負債淨變動數		
衍生金融工具	(6,076)	(17,625)
應收票據及帳款淨額	(2,193,483)	4,156,872
應收關係人款項	(11,982,359)	(16,209,910)
其他應收關係人款項	(257,810)	(89,347)
存　貨	53,330	(12,442,994)
其他流動資產	(266,929)	(363,366)
其他金融資產	68,313	(18,057)
應付帳款	182,965	3,565,949
應付關係人款項	961,579	(67,770)
應付員工紅利及董事酬勞	1,552,210	2,130,887
應付費用及其他流動負債	$ 4,269,512	$ 3,281,875
負債準備	1,484,593	844,859
應計退休金負債	14,224	(4,442)
營運產生之現金	349,648,380	284,739,546
支付所得稅	(14,365,054)	(10,312,114)
營業活動之淨現金流入	335,283,326	274,427,432
投資活動之現金流量：		
取得持有至到期日金融資產	(1,795,949)	-
取得以成本衡量之金融資產	(2,177)	(1,093)
持有至到期日金融資產領回	700,000	700,000
處分備供出售金融資產價款	1,830,424	612,834
處分以成本衡量之金融資產價款	59,222	14,900
收取之利息	1,057,553	834,314
收取子公司及關聯企業之股利	2,151,373	1,688,878
收取其他股利	71,125	69,676
購置不動產、廠房及設備	(285,889,575)	(242,063,668)
購置無形資產	(2,727,399)	(1,743,043)
處分不動產、廠房及設備價款	162,068	93,984
存出保證金增加	(96,072)	(508,158)
存出保證金減少	112,204	2,599,560
投資活動之淨現金流出	(284,367,203)	(237,701,816)
籌資活動之現金流量：		
發行公司債	86,200,000	62,000,000
償還公司債	-	(4,500,000)
短期借款增加（減少）	(19,636,240)	9,747,093
支付利息	(1,286,296)	(670,165)
收取存入保證金	40,729	13,038
存入保證金返還	(111,313)	(249,771)
員工行使認股權發行新股	124,570	242,488
取得子公司部分權益價款	(1,357,222)	(2,259,244)
處分子公司部分權益價款	170,914	587,902
支付現金股利	(77,773,307)	(77,748,668)
籌資活動之淨現金流出	(13,628,165)	(12,837,327)

資料來源：台灣證券交易所

1-9 千萬別漏了財務報表附註

企業針對財務報表所揭示期間，所有大大小小的交易事項，都已經以「會計項目」及「金額」彙整表達在前述資產負債表、綜合損益表、權益變動表與現金流量表之中。要完整透視這四大報表所呈現的經濟實況，的的確確需要些真功夫，才能看懂這些硬底子。

而只看四大報表，忽略了財務報表的附註，只怕是霧裡看花、張冠李戴，原來經由財務報表的「實況報導」，經由各自表述後，成了一幅抽象畫。

閱讀財務報表附註對企業作初步認識

財務報表附註的作用，核心目的在增加閱表者對於報表所表達事項的瞭解，及給予額外補充資訊。翻開各家企業的財務報表附註，幾乎一開始都會先闡述公司沿革並對業務範圍作簡要說明。除非您與該公司關係匪淺，對該企業瞭若指掌，否則筆者建議所有閱表人，在深入研究四大報表前，一定要先翻閱財務報表附註，以取得對該企業的基本認識。

一般中小企業，正式的財務報表，應於附註中揭露的事項，即如【附表】上半段所列示，詳細規定讀者可自行參閱商業會計法第二十九條之規定。至於上市櫃等公開發行公司，其組織規模與業務的複雜脈絡，自非一般中小企業可比擬，法令對其應揭露於附註之事項，規範自是更為嚴謹。主要法令依據為證券發行人財務報告編製準則，該準則第十五條至第十七條即為與其攸關之基本規定。

注意財務報表附註事項

讀者一定要對於財務報表附註揭露事項，保持高度注意，因為凡事列入財務表附註中加以說明者，均屬重大事項！

財務報表附註的主要內容

一般中小企業

依商業會計法第29條，應予附註之主要內容：
一、聲明財務報表依照本法、本法授權訂定之法規命令編製。
二、編製財務報表所採用之衡量基礎及其他對瞭解財務報表攸關之重大會計政策。
三、會計政策之變更，其理由及對財務報表之影響。
四、債權人對於特定資產之權利。
五、資產與負債區分流動與非流動之分類標準。
六、重大或有負債及未認列之合約承諾。
七、盈餘分配所受之限制。
八、權益之重大事項。
九、重大之期後事項。
十、其他為避免閱讀者誤解或有助於財務報表之公允表達所必要說明之事項。

公開發行公司

證券發行人財務報告編製準則第15條

重要內容計有"公司沿革、通過財務報告之日期及程序、新發布及修訂準則及解釋之適用、重大會計政策之彙總說明、重大會計判斷、與關係人之重大交易事項、重大災害損失、接受他人資助之研究發展計畫及其金額、重要訴訟案件之進行或終結、重要契約之簽訂、完成、撤銷或失效等等。

證券發行人財務報告編製準則第16條

重大期後事項：資本結構之變動、鉅額長短期債款之舉借、主要資產之添置或轉讓、產能或產銷政策之重大變動、對其他事業之主要投資、重大災害損失、重要訴訟案件之進行或終結、重要契約之簽訂、完成、撤銷或失效等等。

證券發行人財務報告編製準則第17條

- 重大交易事項：資金貸與他人、為他人背書保證、期末持有有價證券情形、達一定金額或實收資本額20%以上之取得或處分不動產、關係人進銷貨等。
- 轉投資事業相關：對非屬大陸地區之被投資公司直接或間接具有重大影響、控制或合資權益者，應揭露其名稱、所在地區、主要營業項目、原始投資金額、期末持股情形、本期損益及認列之投資損益。
- 大陸投資：大陸被投資公司基本資料、持股比例、本期損益及認列之投資損益等；或與大陸被投資公司直接或間接經由第三地區所發生重大進銷貨交易內容等。

資料來源：作者整理

1-10 使用者角度俯覽財務報表

財務報表編製的目的在滿足使用者對資訊的需求，希望能藉以達成輔助決策的功能。需要使用財務報表的決策，多半涉及對企業的投資或融資行為。雖然決策的擬訂不一定要參考財務報表，而決策品質與執行成效，也無法僅仰賴分析財務報表而達成。

財務報表是最貼近企業營運的第一手資訊

然而，如【附圖】所示，財務報表透過提供資產、負債、權益、收益及費損、業主之投入及分配予業主、現金流量等分流資訊，將企業財務狀況及財務績效做出整合性的結構表述，確實是提供最貼近企業營運狀況的第一手量化資訊。

正因為財務報表編製之目的即在提供關於企業財務狀況、績效及財務狀況變動之資訊，而這類的資訊正有助於協助評估企業產生現金的能力、產生之時點及不確定性。擁有充沛可自由運用現金的企業，才有能力償付借款，發放股息，甚或建立更長遠的企業願景。

企業的財務狀況受其所控制之經濟資源、財務結構、流動性、償債能力及其適應所處環境之綜合能力所影響，該類資訊主要於資產負債表中提供。而有關企業經營績效的資訊，特別是關於企業的獲利能力，其有助於評估企業未來營運版圖潛在變動，而此類資訊主要於綜合損益表中提供。

財務報表顯示企業的過去與現在

關於企業財務狀況變動之資訊藉由表達企業之投資、籌資及營業活動，提供使用者評估企業產生現金的能力，而此類資訊主要於現金流量表中提供。

財務報表所描述的事項，係已發生的過去事，或正發生的現在事，企業未來的事如何發生，即由此開始演繹。

財務報表內容

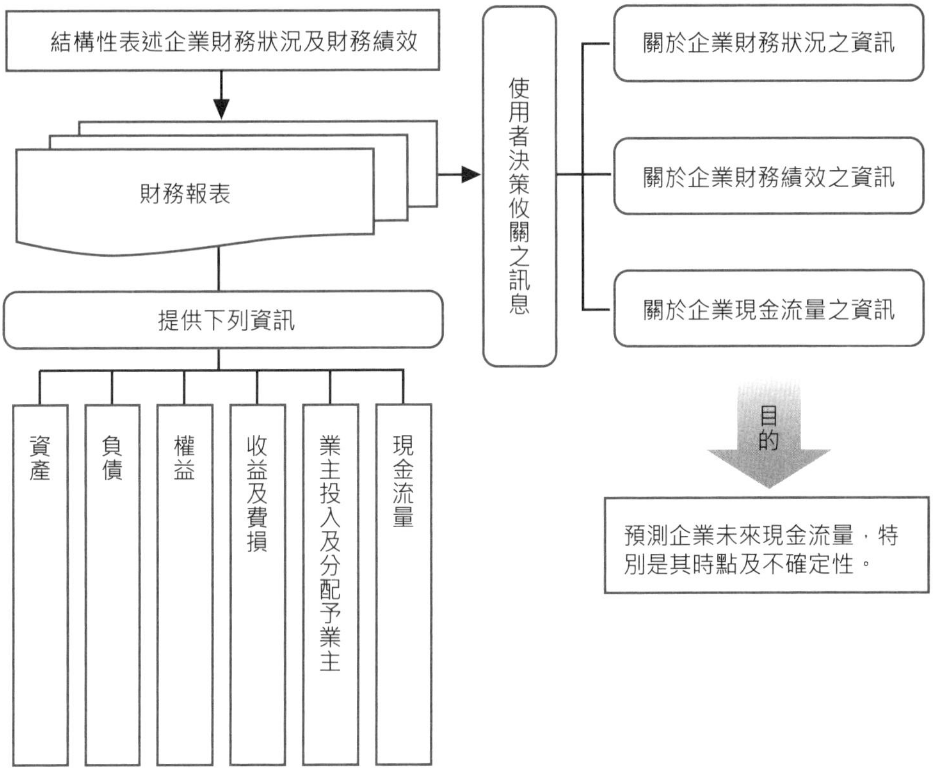

資料來源：作者整理

1-11 解構財務報表編製及表達架構

財務報表的編製，終極目標在提供有益於決策使用的資訊，但每一位決策者所面臨的問題各異，要使財務資訊滿足每一位決策者的需求，勢必是一項不可能的任務。

然而經濟資訊的運用，有其共通的特性存在，因此會計學者彙集了會計資訊的用途，並以之做為財務資訊提供之目的。在為達成財務資料提供的各項目標，資訊本身必需具備讓使用者能瞭解、信賴，且與決策攸關等特性。

但一項攸關的資訊若不能及時提供，則過時的資訊將毫無價值可言，要及時產生資訊是需要投入時間與人力等諸多成本，因此成本效益的均衡，就成為是否提供這類資訊的門檻限制。

會計資訊的先天限制：只分析能以金額衡量事項

會計資訊並非無遠弗屆，其本身亦有著先天上的限制。例如：無法以貨幣金額衡量的事項，即無法表達在財務報表之中，頂多只能隱身於財務報表附註；又例如，在企業營運的歷程中，許多事項都處於「現在進行式」，最終的發展結果會因決策調整而有所不同，但會計資訊又必項在決策制定前提供，因此管理當局主觀的估計將在所難免。

綜上所述，各限制因素的平衡與考量，就是構成財務會計觀念的骨架，彙整於【附圖】。要對我國實務應用之會計基本原則有所瞭解，可由認識財務報表之目的、基本假設、品質特性、會計資訊運用的限制著手，解構資訊本質，將有利於解讀資訊內涵。

財務報表編製與提供最主要的目的，即為了達到資訊的溝通與傳遞，進而希望有益於資訊使用者進行相關決策的達成。財務報表所建構的溝通，不僅包括企業組織內各個不同部門間訊息的傳遞，尚包括企業與組織外部關係人的連繫。

財務報表需在最適當時點完成

財務報表資訊的提供，為了有益決策及時與效益，必需在最適當的時點完成，且整合對決策者攸關且可靠的資訊。因此財務報表內涵的品質特性，最為重視攸關性與可靠性。

但僅有前二者尚不完備，資訊必須讓使用者本身可了解方能受用。再者，對於各式各樣經濟事項需可透過比較呈現差異。財務報表中的資訊，同時具備了「可了解性」、「攸關性」、「可靠性」與「可比性」四大品質要素，確實可作經濟性參考資料的首選。

財務報表是衡量經營績效的依據

財務報表，常是衡量企業經營績效的重要依據；其中『損益』，更為箇中主要指標。企業完整真實的損益，或許需待蓋棺論定時才能確定。但檢視過去的每一個經歷，都會是未來增上進步的基石。

財務報表以最積極與恒常的態度，將企業的生命歷程，畫分為等長的期間，稱為會計期間或會計年度。在繼續經營的過程中，每一會計期間，及時衡量損益客觀報導財務狀況，為過去決策作客觀回饋，為現在營運作公平記錄，直至永續。

評比不同公司時更能凸顯效果

財務報表，運用於評比不同公司時，更能凸顯此項資訊工具的優越性。因為，個別企業在共同的會計原理原則引導下，均將各形各色的交易事項，按經濟實質進行等化，使用共同的財務報表要素進行呈現。只要財務資訊使用者，具備了相關基礎認識，即能以此共同的商業語言，透視財經風險縱橫詭譎的商場。

解構財務報表觀念架構

- 財務報表之目的
- 編製主體之基本假設 → 會計個體、繼續營業、貨幣評價、會計期間
- 財務報表之編製基礎 → 權責發生基礎
- 財務報表之品質特性
  - → 可了解性
  - → 攸關性 …… 重大性
  - → 可靠性 …… 忠實表達、實質重於形式、中立性、審慎性、完整性
  - → 可比性
  - 攸關性、可靠性 → 攸關及可靠資訊之限制：
    - 時效性
    - 效益與成本之平衡
    - 品質特性間之平衡
    - 真實及公允觀點/公允表達
- 財務報表之要素 → 財務狀況、資產、負債、權益、績效、收益、費損、資本維持調整
- 財務報表要素之認列 →

未來經濟效益之可能性	衡量之可靠性
資產之認列	負債之認列
收益之認列	費損之認列

- 財務報表要素之衡量
- 資本與資本維持之觀念 → 資本觀念、資本維持觀念及淨利之決定

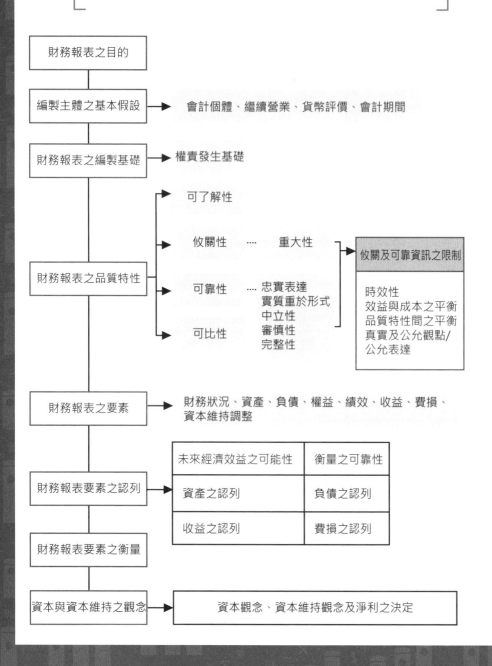

觀念架構	意涵說明
財務報表之目的	1. 幫助財務報表使用者之投資、授信及其他經濟決策。 2. 幫助財務報表使用者評估其投資與授信資金收回之金額、時間與風險。 3. 報導企業之經濟資源、對經濟資源之請求權及資源與請求權變動之情形。 4. 報導企業之經營成果。 5. 報導企業之流動性、償債能力及現金流量。 6. 幫助財務報表使用者評估企業管理當局運用資源之責任及績效。
財務報表之基本假設	每一財務報表的背後，其實包括了下列假設。 1. 會計個體假設：會計上視企業為獨立於業主以外之個體，能擁有資源並負擔義務，本概念與法令無關，故不同企業主體基於投資關係，亦能合併一起編製報表。 2. 繼續經營假設：會計上視企業之經營為綿延不斷，並據此前題編製報表。但若與現況顯不相符者，不在此限。 3. 貨幣評價假設：包括二項含義，一是在會計上以貨幣單位作為交易價值衡量與表達的工具，另一是會計上假設物價波動不大，可予以忽略暫不考慮。所以不同時間點發生的經濟事項，可以加總合計。而且在會計上僅有能以貨幣表達的項目方能加以入帳，無法數量化的項目也就無法反映在財務報表上。 4. 會計期間假設：企業繼續經營的歷程中可劃分為會計期間，以分期結算損益，編製財務報表。
報表編製之基礎	權責發生基礎
財務報表之品質特性	為達到上列目的，財務報表應具備下列特性： 1. 可瞭解性：係指財務報表之資訊應力求讓使用者便於瞭解。 2. 攸關性：係指財務報表提供之資訊必須與使用者之經濟決策攸關。 3. 可靠性：資訊須具備可靠性方屬有用。 4. 可比性：包含二項意義：同一企業不同期間之財務報表對相同交易事項，應以一致之方法衡量與表達；不同企業之各期財務報表對相同交易事項之財務影響，宜以一致之方法衡量與表達，以利使用者比較各企業之財務報表，評估其相對之財務狀況、經營成果及財務狀況之變動。
維持品質特性之限制	在兼顧品質特性的要求下，亦需考量下列限制： 1. 時效性的考量 2. 成本與效益之均衡 3. 品質特性間之均衡
財務報表要素之定義、認列與衡量	運用之基本要素有可區分如下 1. 與財務狀況攸關之要素：資產、負債、權益 2. 與經營成果攸關之要素：收入、費用、利益、損失
原則性之會計準則規範	1. 財務報表編製及表達之架構 2. 國際會計準則公報(IAS) 3. 會計解釋常務委員會發布之解釋公告(SIC) 4. 國際財務報導準則公報(IFRS) 5. 國際財務報導準則解釋

資料來源：作者整理

1-12 認識財務報表上各位主角

財務報表的呈現方式係透過一些「廣泛類別」，將企業所發生之交易及其他事項之經濟特性加以彙集，以描述各項交易及其他事項之財務影響，進而將企業財務狀況及績效成果，以結構性方式呈現。而這些「廣泛類別」，即是財務報表要素。依國際會計準則委員會所採用之「財務報表編製及表達之架構」，分類如下：

一、與財務狀況衡量有關之要素：直接與財務狀況衡量有關之要素為資產、負債及權益。

1.資產，係指因過去事項而為企業所控制之資源，且此資源預期將有未來經濟效益流入該企業。

2.負債，係指企業因過去事項所產生之現時義務，該義務之清償預期將導致具經濟效益之資源自該企業流出。

3.權益，係指企業之資產扣除其所有負債後之剩餘權利。

二、與財務績效衡量有關之要素：淨利通常作為績效衡量的重要依據或發展其他衡量之基礎。直接與淨利衡量相關之要素為收益與費損，而此二要素之認列及衡量又部分取決於企業編製財務報表時所採用之資本與資本維持觀念。

1.收益，係指以資產之流入或增益，或負債之減少等方式，於一會計期間內增加經濟效益，進而造成權益增加；但不包含權益參與者之投入所產生的權益增加。

2.費損，係指以資產之流出或消耗，或負債之增加等方式，於一會計期間內減少經濟效益，而造成權益減少；但不包含分配予權益參與者的權益減少。

3.資本維持調整。資產及負債之重估價或重編可能導致權益之增加或減少，雖然該等增加或減少符合收益及費損之定義。但在特定資本維持觀念下，該等變化並不表達於綜合損益表中，而係以資本維持調整或重估價準備納入權益中。

企業即以上述各財務報表要素為骨幹架構，再於各要素項下，將性質相近之事項進行「細部分類」即為報表上之「會計項目」。

財務報表上的主角

攸關財務狀況衡量之要素

- **資產** → 因過去事項而為企業所控制之資源，且此資源預期將有未來經濟效益流入該企業。
- **負債** → 企業因過去事項所產生之現時義務，該義務之清償預期將導致具經濟效益之資源自該企業流出。
- **權益** → 企業之資產扣除其所有負債後之剩餘權利。

攸關財務績效衡量之要素

- **收益**（收入、利益） → 以資產之流入或增益，或負債之減少等方式，於一會計期間內增加經濟效益，而造成權益增加；但不包含權益參與者之投入所產生的權益增加。
- **費損**（費用、損失） → 以資產之流出或消耗，或負債之增加等方式，於一會計期間內減少經濟效益，而造成權益減少；但不包含分配予權益參與者的權益減少。

資料來源：作者整理

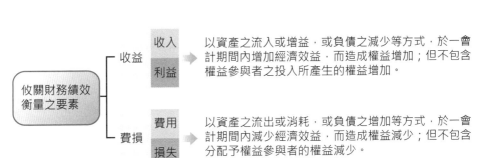

導讀會計師 1-13 查核報告

財務報表係由企業自行編製，其內容是否詳實反映營運成果與財務狀況，外人無從查考。為了提昇財務報表的公信力，企業可委請會計師進行查核，會計師就查核結果表示意見，即附具之「會計師查核報告」。

會計師查核報告，是會計師本於其專業，就查核結果所進行的獨立論述。

查核報告的規範

但查核報告的基本內容與意見類型，其實受有規範約制。為了有助於查核報告使用者瞭解其內容，並能輕易辨識異常情況，查核報告是以標準化的架構呈現。

會計師查核報告的意見類型，計有五種。

1.無保留意見。其表示會計師已依照一般公認審計準則執行查核工作且未受限制；財務報表也已按一般公認會計原則編製揭露，【附圖】即屬此類型。

2.修正式無保留意見。當會計師遇有下列情況之一時，就於無保留意見查核報告中加入說明文字，以提醒閱表者注意。(1)會計師所表示之意見，部份係採用其他會計師之查核報告且欲區分查核責任。(2)對受查公司之繼續經營假設存有重大疑慮。(3)受查公司所採用之會計原則變動且對財務報表有重大影響。(4)對前期財務報表所表示之意見與原來所表示者不同。(5)前期財務報表係由其他會計師查核。(6)欲強調某一重大事項。

3.保留意見。此意見類型以「除：：外」之方式呈現，其代表的意義是會計師面臨了重大的查核範圍受限，或其對管理階層在會計政策之選擇或財務報表之揭露認為不適當。

4.否定意見。一旦上述3.情節極為重大，出具保留意見仍嫌不足，會計師即會出具此類型意見。

5.無法表示意見。當會計師查核範圍受到限制或獨立性不足，即會出具此類型意見。

至於查核報告之基本內容，即如【附圖】所示。或許，每一份會計師查核報告，乍看之下都頗為神似。但閱表者一定要對查核報告中提及事項保持高度警戒，因為其絕對為財務報表中舉足輕重的大事。

會計師查核報告

會計師查核報告 ← 報告名稱

台灣積體電路製造股份有限公司　公鑒： ← 報告收受者

台灣積體電路製造股份有限公司民國102年12月31日暨101年12月31日及1月1日之個體資產負債表，暨民國102年及101年1月1日至12月31日之個體綜合損益表、個體權益變動表及個體現金流量表，業經本會計師查核竣事。上開個體財務報表之編製係管理階層之責任，本會計師之責任則為根據查核結果對上開個體財務報表表示意見。

> 前言段，說明查核報告之名稱、日期及涵蓋期間；區分企業與會計師之責任。

本會計師係依照會計師查核簽證財務報表規則及一般公認審計準則規劃並執行查核工作，以合理確信個體財務報告有無重大不實表達。此項查核工作包括以抽查方式獲取個體財務報告所列金額及所揭露事項之查核證據、評估管理階層編製個體財務報告所採用之會計原則及所作之重大會計估計，暨評估個體財務報告整體之表達。本會計師相信此項查核工作可對所表示之意見提供合理之依據。

> 範圍段，說明查核工作之範圍，查核工作規劃及執行之目的，查核工作執行之內容，及可作為表示意見之依據。

依本會計師之意見，第一段所述個體財務報表在所有重大方面係依照證券發行人財務報告編製準則編製，足以允當表達台灣積體電路製造股份有限公司民國102年12月31日暨101年12月31日及1月1日之個體財務狀況，暨民國102年及101年1月1日至12月31日之個體財務績效及個體現金流量。

台灣積體電路製造股份有限公司民國102年度個體財務報告重要會計科目明細表，主要係供補充分析之用，亦經本會計師採用第二段所述之查核程序予以查核。據本會計師之意見，該等明細表在所有重大方面與第一段所述個體財務報表相關資訊一致。

> 意見段，會計師對於財務報表在所有重大方面是否依照一般公認會計原則或法令規定編製及是否允當表達，明確表示專業意見。

← 會計師之簽名及蓋章

中　華　民　國　103　年　2　月　18　日 ← 查核報告日

資料來源：台灣證券交易所

第2章

你投資的企業真的有賺錢嗎：

綜合損益表字字珠璣

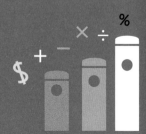

綜合損益表，同時以總營業收入淨額為100%，顯示各項目佔其之比例，以結構化呈現營業收入至最終稅後淨利間的比例關係。其猶如人身體態三圍，輕巧靈活或臃腫笨重約略可見。

綜合損益表係特定「期間」的企業營運結果。為了劃分出「期間」，這張報表使用了「應計基礎」作為交易表達的準據。有別於「現金基礎」，是以現金已確實完成收付為入帳基礎，面對「應計基礎」的綜合損益表，我們必需清楚意識到，還有些資金的流入或流出尚未完成，而其間或許可能潛藏著風險。

2-1 綜合損益表基本導讀

綜合損益表，是讓所有閱表者對企業營運盈虧一目瞭然的報表。投資人、分析師、管理高層，甚至國稅局，均對它抱持熱烈的關注。

【附表】是一張綜合損益表常見的基本格式，正式的對外報表均需採二期對照式編列，同時以總營業收入淨額為百分之百，顯示各項目佔其之比例，以結構化呈現營業收入至最終稅後淨利間的比例關係。其猶如人身體態三圍，輕巧靈活或臃腫笨重約略可見。

綜合損益表可以觀察企業營運品質

目前常見的報表形式，依營運歷程中不同來源與性質的收支進行分類列示，我們可藉以觀察企業盈餘品質與獲利穩定性，對於未實際參與企業經營的外部分析人員很有助益。本章後續即陸續就報表各主要項目進行結構性探討。

綜合損益表所揭示的資料，係特定「期間」的企業營運結果。為了劃分出「期間」，這張報表使用了「應計基礎」作為交易表達的準據。

賒銷交易已計入損益表但存在呆帳風險

有別於「現金基礎」，是以現金已確實完成收付為入帳基礎，面對「應計基礎」的綜合損益表，我們必需清楚意識到，還有些資金的流入或流出尚未完成，而其間或許可能潛藏著風險。

例如，已出貨完畢但尚未收款的賒銷交易，該收入金額已在綜合損益表中列示，以計算最終當期損益。這筆交易相對的應收帳款雖亦列示於資產負債表中的資產項下，但日後實際流入企業的資金可能存有發生呆帳的風險，詳【3.6】相關介紹。

另一方面，企業為了維持正常營運效率，需事先進行採購生產備貨，這些原料商品等庫存，在尚未實際出售前雖不會影響當期損益，係列示於資產負債表的資產項下。但事實上，購貨成本暨倉儲成本均已發生，而日後可實際為企業帶來的資金流入，可能因產品滯銷或過時跌價而侵蝕獲利。我們將於【3.7】等節進行後續相關檢討。

原始的綜合損益表

（格式二）

XXX 公司
綜合損益表（年度）
中華民國　年及　年　月　日至　月　日　　單位：新臺幣千元

代碼	項目	本期（如：102 年度）金額	本期 %	上期（如：101 年度）金額	上期 %
	營業收入				
	營業成本				
	營業毛利				
	營業費用				
	推銷費用				
	管理費用				
	研發費用				
	其他費用				
	其他收益及費損淨額（註一）				
	營業利益				
	營業外收入及支出				
	其他收入（註二）				
	其他利益及損失（註三）				
	財務成本				
	採用權益法之關聯企業及合資損益之份額				
	XXXX				
	稅前淨利				
	所得稅費用				
	繼續營業單位本期淨利				
	停業單位損失				
	本期淨利				
	其他綜合損益				
	不重分類至損益之項目：				
	確定福利計畫之再衡量數				
	不動產重估增值				
	採用權益法之關聯企業及合資其他綜合損益之份額（註四）				
	與不重分類之項目相關之所得稅（註五）				
	後續可能重分類至損益之項目：				
	國外營運機構財務報表換算之兌換差額				
	備供出售金融資產未實現評價利益（損失）				
	現金流量避險				
	採用權益法之關聯企業及合資其他綜合損益之份額（註四）				
	與可能重分類之項目相關之所得稅（註五）				
	本期其他綜合損益（稅後淨額）				
	本期綜合損益總額				
	淨利歸屬於：				
	母公司業主				
	非控制權益				
	綜合損益總額歸屬於：				
	母公司業主				
	非控制權益				
	每股盈餘				
	基本及稀釋				

董事長　　經理人　　會計主管

資料來源：作者整理

2-2 綜合損益表在財務報表的關鍵地位

在我國會計原則與國際會計準則接軌之前，反映企業某一特定期間經營成果的財務報表，為「損益表」。在我國公開發行公司適用《證券發行人財務報告編製準則》明訂採用經金管會認可之國際財務報導準則（International Financial Reporting Standards，簡稱IFRSs）及國際會計準則（International Accounting Standards，簡稱IAS），暨商業會計法完成修訂後，已以「綜合損益表」進行取代。二者不僅名稱有異，實質內容亦不盡相同。

綜合損益表包括一切權益增減變動

綜合損益表，含攝在報導期間內企業因非與業主之間交易所造成的一切權益增減變動。包含損益表時期的「本期損益」及接軌國際會計準則後新增添之「本期其他綜合損益」。此二大類如【附圖】綜合損益表所示，其每一項目在企業整體營運績效評估所扮演的角色，暨對外部投資人決策的影響，本章將陸續介紹。

以整體性觀點看財務報表，我們需認識綜合損益表與資產負債表中組成項目之間存在的消長關係。綜合損益表中「本期損益」最終淨利或虧損，會影響企業可分配盈餘的高低，「本期其他綜合損益」的變動連帶反映於權益的變化；二者並會連帶影響資產負債表的表達。

比對應計基礎與現金基礎的營業結果

現金流量表，完全以現金收付觀點所呈現出的「營業活動現金流量」，正可與綜合損益表所呈現的主要營運結果提供另一對比。許多地雷股公司在崩盤前，都出現以應計基礎編製的綜合損益表本期損益有獲利，但來自營業活動現金流量卻是負值。

換言之，即營業活動實際現金支出遠大於實際現金收入。有學者將之稱為紅旗警訊，投資人若發現此一情況更應謹慎視之。

綜合損益表與權益變動表的關係

綜合損益表

收益減費損	本期損益	本期損益，包括： 1.營業收入 2.營業成本 3.營業費用 4.營業外收益及費損。 5.所得稅費用(或利益) 6.繼續營業單位損益 7.停業單位損益
	本期其他綜合損益	本期其他綜合損益，係指本期變動之其他權益，例如： 1.備供出售金融資產未實現損益 2.現金流量避險中屬有效避險部分之避險損益 3.國外營運機構財務報表換算之兌換差額 4.未實現重估增值等

權益變動表

股本	
資本公積	
保留盈餘	法定盈餘公積
	特別盈餘公積
	未分配盈餘(或待彌補虧損)
其他權益	備供出售金融資產未實現損益
	現金流量避險中屬有效避險部分之避險損益
	國外營運機構財務報表換算之兌換差額
	未實現重估增值

資產負債表

資產 = 負債 + 權益

資料來源：作者整理

2-3 企業沒有營收一切免談

企業存在的主要目的是為獲取最大利益，使股東的投資報酬極大化；企業獲利情況的良窳，亦反映出企業整體經營績效的好壞，在財務會計學上即以綜合損益表來提供營利結果的訊息，而這張報表亦最為各方人馬所關注，不論是投資人或債權人，都希望企業經營能有獲利，唯有獲利才是永續經營的基石，至少在債權人收回借款，投資人出脫持股前，大家都是休戚相關的生命共同體。

永續經營的動力源於競爭優勢

或許，僅以極大化股東財富，作為企業經營的目標，於重視使命與崇尚願景的今日，或許難掩企業對社會責任的漠視。然企業要與顧客、供應商、政府或社區等外部利害關係人和平互惠，亦或是與股東、員工、經理人或管理者等內部利害關係人雙贏共榮，其基本前題需建立在企業的永續經營。

而永續經營的原動力則奠基於競爭優勢的培養、累積、維持與再造。探尋一組織競爭優勢的來源【如圖】，即是運用獨特的核心能力整合有形及無形的資源及潛力，發展出更佳的效率、品質、創新及顧客服務，進而以低成本或差異化的策略，創造企業價值，成就更高的獲利目標。

企業盈餘是企業競爭的關鍵因素

競爭優勢，成就企業高獲利，企業高獲利則可回饋於永續成長的潛力與動能，故企業盈餘實為企業厚植競爭優勢的關鍵因素。

啟動這一連串的成長骨牌，達到獲利的目標，最簡單與直接的關聯因素，就是企業的營業收入。企業沒有營收，一切免談！

企業競爭優勢的來源

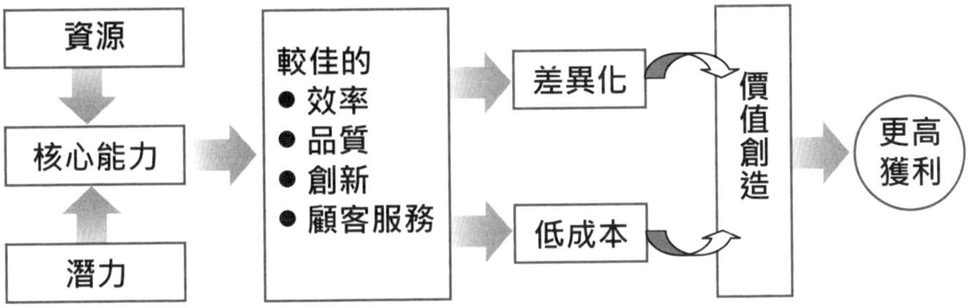

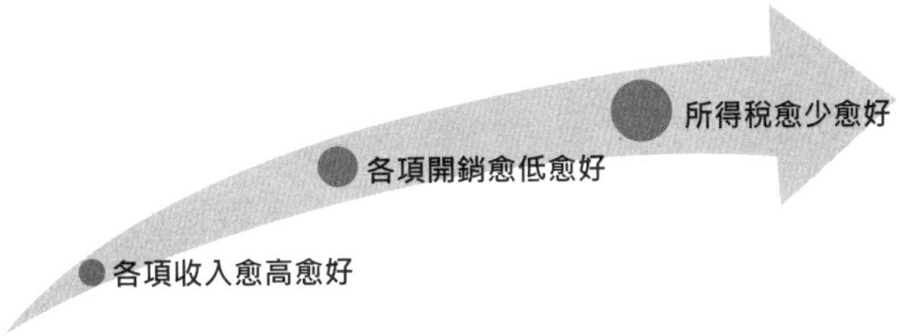

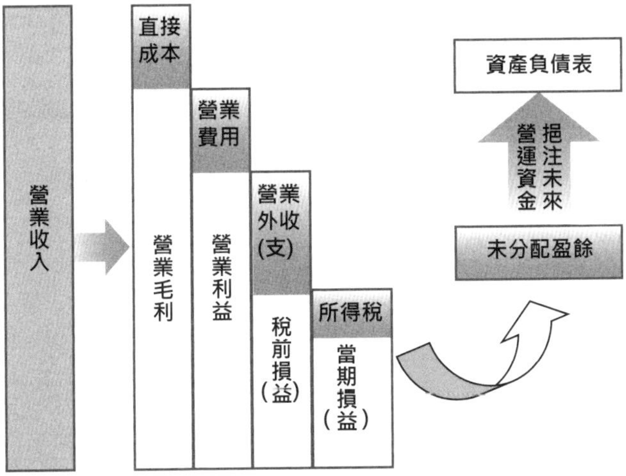

資料來源：Charles W. L. Hill, Gareth R. Jones, Strategic Management,作者整理

2-4 營業收入 簡易觀察法則

營業收入，位居閱表者最關愛的綜合所損表之首，其重要性當然是舉足輕重，我們可將其視為思考各項投資決策的入門磚。以「門」為喻，因為「投入」首先考量是它，「退出」衡酌的要件也是它，其扮演著啟動決策的關鍵角色。

每月十日前公告營收：相對即時的觀察指標

營業收入的起伏，一直牽動著新聞媒體的焦點。其不單只是於企業公布各期財務報表時才能得知，其實我們於每月十日前都可查詢，上市櫃公司都會公告上月的營業收入狀況，故營業收入正是觀察企業營運狀況的領先指標。

但光有營業收入的絕對數字，投資人要進而判斷「好」?!亦或是「差」?!著實不易。一定要配合其他要件共同思考，最簡易的觀察分析法，就是透過下列簡單的數字進行比較：

1.當年度各月份營業收入金額與消長狀況；

2.當年度各月份累積營業收入金額與消長狀況；

3.去年度各月份營業收入金額與消長狀況；

以上資料，用功的投資人當然可自行統計持續觀察，或者可利用「YAHOO股市」搜尋引擎的彙整資料，同時搭配股市新聞，即可瞭解目前該公司之營運概況，及其他投資人對該公司的看法，尤其是法人的持股態度。

【附表】以亞太區最大半導體零件通路商大聯大（3702）為例，二〇一四年八月份營業收入於九月十日公告，金額為三八一・八八億元，年增七・〇九%，九月份營業收入於十月八日公告，金額為四二七・六〇億元，年增十二・八四%。這段期間台股面臨空襲警報，台股淪為外資的提款機，大盤加權指數九月九日為九四三四・七七點，十月九日為八九六六・四四點，大跌四七一・三三點，跌幅近五%。反觀大聯大有營業收入作為支撐，股價雖無法有所表現，但其穩健遠優於大盤。

營業收入比較分析實例

以大聯大（3702）為例

每月營收變化 單位: 仟元

102 年 度			103 年 度					
月	營 收	年增率	月	營 收	年增率	累計營收	年增率	達成率
1	32,110,118	51.79%	1	33,216,798	3.45%	33,216,798	3.45%	-
2	21,442,083	-19.61%	2	30,539,945	42.43%	63,756,743	19.06%	-
3	33,018,203	-0.12%	3	38,646,599	17.05%	102,403,342	18.29%	-
4	34,584,228	13.31%	4	39,377,364	13.86%	141,780,706	17.02%	-
5	34,702,730	11.03%	5	37,247,324	7.33%	179,028,030	14.87%	-
6	31,367,912	7.07%	6	37,019,382	18.02%	216,047,412	15.39%	-
7	34,183,068	9.68%	7	38,400,755	12.34%	254,448,167	14.92%	-
8	35,658,272	10.88%	8	38,188,130	7.09%	292,636,297	13.84%	-
9	37,895,589	8.57%	9	42,760,000	12.84%	335,400,000	13.71%	-
10	35,945,645	19.95%	10	-	-	-	-	-
11	37,454,367	19.34%	11	-	-	-	-	-
12	37,905,579	28.13%	12	-	-	-	-	-

營業收入公告後收盤價與大盤指數比較觀察

大聯(3702)股價			台股大盤	
日期	收盤價	異動狀況	加權指數	異動狀況
2014.9.9	38.35	-	9,434.77	-
2014.9.10(註：8 月營收公布)	38.30	↓0.05	9,357.61	↓77.16
2014.9.11	38.20	↓0.10	9,322.95	↓34.66
2014.9.12	37.85	↓0.35	9,223.18	↓99.77
2014.9.15	38.00	↑0.15	9,217.46	↓5.72
2014.9.16	37.90	↓0.10	9,133.40	↓84.06
2014.9.17	37.10	↓0.80	9,195.17	↑61.77
2014.10.7	37.10	-	9,040.81	↓154.36
2014.10.8(註：9 月營收公布)	36.65	↓0.45	8,955.18	↓85.63
2014.10.9	37.00	↑0.35	8,966.44	↑11.26
區間總異動狀況	↓1.35		↓468.33	
區間異動百分比	↓3.52%		↓4.96%	

資料來源：YAHOO股市、作者整理

2-5 簡易分析營業收入多少才算好

營業收入的觀察，最簡單的分析操作，就是【2.4】所介紹的方法，但其僅只於單一公司的比較，適用於已鎖定投資標的的追蹤方式。若二家公司營業收入金額相仿，我們就需進一步思考，為了創造此等經濟規模的營業收入，企業究竟投入了多少資源？常言道：不能要馬兒好，又要馬兒不吃草。但「投資」此等關係股民身家財產的大事，標準則要嚴苛的提升為：吃了草的馬兒，要會跑；跑得好的馬兒，我才要。

營業收入，當然希望能如脫韁野馬般，一路不停「衝！衝！衝！」。那在財務報表上的「糧草」該是啥？以一位未實際參與企業經營的外部投資人而言，企業「股本」即扮演這樣的角色。我們正可以之為簡易的對照基礎，觀察企業運用股東投入資金，所締造的營業規模。

在【附表】中依產業屬性，採樣了二組進行比較分析。第一組為同屬於晶圓代工製造的大廠商，台積電（2330）與聯電（2303）；第二組為國內電信業雙龍頭，中華電（2412）與台灣大（3045）。

進行分析時，一定要先瞭解企業產業類型，例如第一組為資本密集型，第二組則為智慧創意服務業。二者產業類型有極大差別，絕不能混為一談，否則僅單看營業收入，聯電高於台灣大，但股價表現卻遠遠不及。

兩組類型不同，基礎相異

第一組，台積電股本約為聯電的二倍，二〇一三年度台積電的營收規模為聯電的五．四倍，其營運效率高下立判，市場股價當然給予差別待遇。

第二組，乍看之下中華電營收規模為台灣大的二．五倍，似乎穩居龍頭寶座。但經加入股本因素後，二家公司股本所創造的營運規模其實勢均力敵，因此股價亦在伯仲之間。

值得觀察的是，若未來無重大投資擴建需求，過多的閒置資金反而拖累公司營運效率，故二家公司過去都陸續辦理過減資，以求持盈保泰。

【2.4】與【2.5】僅是針對營業收入金額進行「量」的比較分析，但其品「質」良窳的檢視亦不容小覷，【3.6】應收帳款的管理即為其中面向之一。

營業收入分析

	第一組		第二組	
公司簡稱	台積電(2330)	聯電(2303)	中華電(2412)	台灣大(3045)
2013 年營業收入	591,087,600 仟元	109,379,555 仟元	194,172,517 仟元	78,928,492 仟元
2013/12/31 股本	259,286,171 仟元	126,946,499 仟元	77,574,465 仟元	34,208,328 仟元
2013 年 EPS	7.26 元	0.95 元	5.11 元	5.78 元
營收/股本比	2.28 倍	0.86 倍	2.50 倍	2.31 倍
2013/12/31 收盤價	105.50 元	12.35 元	93.10 元	96.30 元

第一組 台積電(2330)與聯電(2303)分析圖

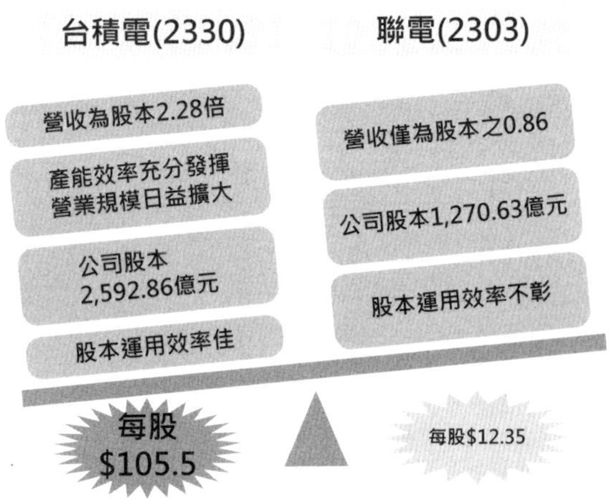

第二組中華電(2412)與台灣大(3045)分析圖

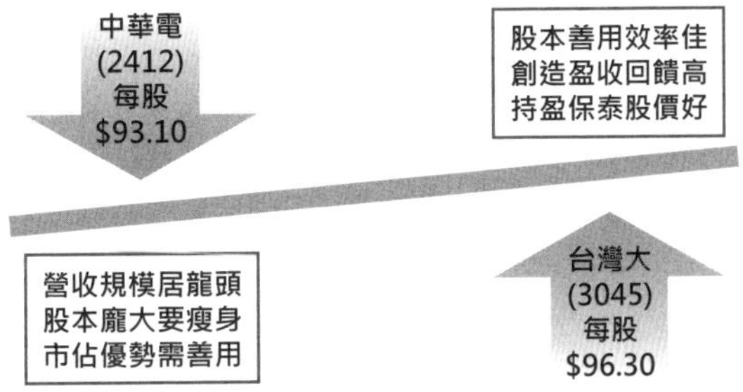

資料來源：公司財報、作者整理

2-6 數字會說話 營收見真章

營業收入是預測股價的領先指標，那預測的營業收入，將是什麼？

股價，是證券交易市場上買賣雙方的交戰區。賣方希望賣得好價位，讓獲利落袋為安歡慶收割；買方也希望買得好價位，建立攻防戰略位置，以求立於不敗之地。

一者希望高價出脫，另一方則期待低價承接，但成交價只會有一個，該怎麼辦？

價格與價值之間的平衡點

價格既然是買賣雙方的客觀平衡點，營業收入又為股價的領先指標，萃取這二大精要，取而代之以未來的營業收入，創造投資者心中對於價值的想像。再經有心人士的推波助瀾，終於預測的營業規模，擘劃出想像中「價值」，有夢最美希望相隨，「價值」與「價格」被劃上了等號，更何況理想豈能以金錢衡量。這是關於二〇一一年上市的醫藥生技股—基亞故事的前半段，這時期股價雖驚為天人，但投資人仍競相追逐，毫不手軟。

二〇一四年七月二十五日（星期五）晚間，基亞發出公告，其研發用於防止早期肝癌術後復發的新藥PI—88，期中數據分析「未達顯著療效」。

那天起，基亞投資人的噩夢揭開序幕。二〇一四年八月《財訊雙週刊》專文：〈獨家踢爆！美國官方報告揭開基亞坑殺小股民黑幕「一顆新藥六百億炒股大騙局」〉，及《新新聞》專文：〈生技股基亞三年漲十六倍，十天跌六、七成〉，基亞其期間故事始末，也精萃在這些聳動駭人的標題中。

股價下跌，回歸財報基本分析

【如圖】基亞股價呈現自由落體式無量下跌，的確令人心如刀割。但痛定思痛，回歸財務報表基本分析，就以【2.3】至【2.5】最簡單的觀察，即可明顯發現投資人進退失據。以營收角度觀察，當投資人美夢正酣，基亞營收其實慘不忍睹，但股價屢創新高；一旦惡夢驚醒，基亞營收已由谷底爬升，但股價已一瀉千里。激情過後股價回神時，二〇一四年基亞投資人受傷頗深。

營收變動對股價的影響

以基亞為例

基亞2014年股價變動週線圖

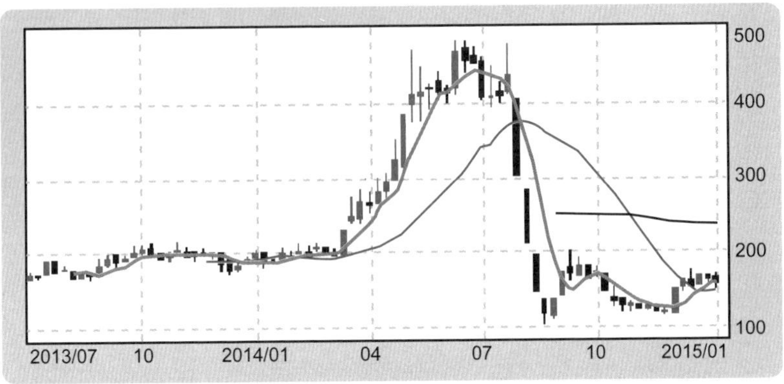

基亞(3176)近二年營業收入統計資料

每月營收變化							
102 年 度			103 年 度				
月	營 收	年增率	月	營 收	年增率	累計營收	年增率
1	4,660	-44.60%	1	37,175	697.75%	37,175	697.75%
2	1,352	-78.25%	2	19,118	1314.05%	56,293	836.34%
3	19,158	142.69%	3	30,155	57.40%	86,448	243.46%
4	8,394	60.65%	4	28,055	234.23%	114,503	241.15%
5	3,778	-81.03%	5	37,844	901.69%	152,347	307.98%
6	2,980	-36.00%	6	25,534	756.85%	177,881	341.15%
7	5,026	-49.88%	7	33,316	562.87%	211,197	365.71%
8	13,473	48.28%	8	31,496	133.77%	242,693	312.59%
9	2,589	-72.76%	9	31,096	1101.08%	273,789	345.83%
10	5,463	-22.22%	10	38,378	602.51%	312,167	366.76%
11	3,949	-63.80%	11	30,876	681.87%	343,043	384.33%

基亞(3176)事件始末相關報導：
1.【財訊雙週刊】獨家踢爆！美國官方報告揭開基亞(3176)坑殺小股民黑幕「一顆新藥600億 炒股大騙局」
http://www.cmoney.tw/notes/note-detail.aspx?nid=15248
2.【新新聞】生技股基亞 3年漲16倍，十天跌6、7成
http://www.appledaily.com.tw/realtimenews/article/new/20140815/452577/

資料來源：YAHOO股市

2-7 獲利能力觀察指標：營業毛利

「營收收入」另一個角度也代表著企業的生命力。理想的狀態是，企業透過每一筆交易，以營業收入的資金為企業注入活水，創造豐碩利潤，積蓄組織成長動能，獲利盈餘分享股東，建構永續發展的良性循環，展現完美營業事業應有的本質。

在綜合損益中，關於利潤的觀察指標，有四個重要項目：即營業毛利、營業利益、稅前淨利、稅後淨利。【附圖】即以鴻海（2317）一○二年度綜合損益表為例，並將其以粗體字進行標示。前述四個指標金額，以報表編製結構的角度進行觀察，其間有著相互關聯的算術邏輯與層次性的管理意義。

我們要先聚焦於「營業毛利」，營業利益、稅前淨利、稅後淨利，將分別陸續進行探討。

營業毛利是如何計算而來

營業毛利，是透過【營業收入－營業成本＝營業毛利】計算而來。

營業成本，係指企業因銷售商品或提供勞務而應負擔之成本，這些成本都與已發生的各項營業收入具有直接因果關係。例如：買賣過程所交易的貨品，企業原始採購或投入生產的各項支出，就是該筆銷貨交易的營業成本。

營業成本會與收入的類型有對應關係，如【附圖】下表所示。作為揀選投資標的策略基礎，我們應從中觀察思考上，企業商品採購議價能力、製造生產技術效能、服務成本的管控、供應鏈管理，這些都直接決定營業成本的高低，牽動著營業毛利。

高額的營業收入，可能源自於降價求售，或為了清空倉庫的賠本殺出，甚至為了創造營收而塞貨給關係企業，這樣撐大營收規模的企業，猶如一隻鼓著大肚子的青蛙，老祖先就常以「膨風水蛙，殺無肉」，教我們體察虛實浮誇。

獲利能力觀察營業毛利

鴻海精[illegible]限公司
個[illegible]表
民國102年[illegible]12月31日

單位：新台幣仟元
(除每股盈餘為新台幣元外)

	項目	附註	102年度 金額	102年度 %	101年度 金額	101年度 %
4000	營業收入	七	$ 3,263,012,896	100	$ 3,218,928,395	100
5000	營業成本	六(五)(二十一)	(3,188,725,628)	(98)	(3,145,685,763)	(98)
5900	營業毛利		74,287,268	2	73,242,632	2
	營業費用	六(二十一)				
6100	推銷費用		(8,007,467)	-	(9,282,299)	-
6200	管理費用		(7,079,945)	-	(6,571,066)	-
6300	研究發展費用		(11,891,396)	(1)	(11,495,794)	(1)
6000	營業費用合計		(26,978,808)	(1)	(27,349,159)	(1)
6900	營業利益		47,308,460	1	45,893,473	1
	營業外收入及支出					
7010	其他收入	六(十九)	1,796,983	-	1,396,431	-
7020	其他利益及損失	六(二十)	7,135,014	-	393,900	-
7050	財務成本	六(二十三)	(2,237,286)	-	(2,376,637)	-
7070	採用權益法認列之子公司、關聯企業及合資損益之份額		67,200,545	2	62,033,693	2
7000	營業外收入及支出合計		73,895,256	2	61,447,387	2
7900	稅前淨利		121,203,716	3	107,340,860	3
7950	所得稅費用	六(二十四)	(14,506,559)	-	(12,698,888)	-
8200	本期淨利		$ 106,697,157	3	$ 94,641,972	3
	其他綜合損益(淨額)					
8310	國外營運機構財務報表換算之兌換差額	六(十八)	$ 23,993,394	1	($ 18,666,225)	(1)
8325	備供出售金融資產未實現評價(損失)利益	六(十八)	(328,793)	-	593,226	-
8360	確定福利計畫精算利益(損失)	六(十三)	980	-	(193,854)	-
8380	採用權益法認列之子公司、關聯企業及合資之其他綜合損益份額	六(十八)	258,703	-	383,368	-
8399	與其他綜合損益組成部分相關之所得稅	六(二十四)	(167)	-	32,955	-
8300	本期其他綜合利益(損失)之稅後淨額		$ 23,924,117	1	($ 17,850,530)	(1)
8500	本期綜合利益總額		$ 130,621,274	4	$ 76,791,442	2
	每股盈餘	六(二十五)				
9750	基本每股盈餘		$	8.16	$	7.27
9850	稀釋每股盈餘		$	7.99	$	7.11

營業毛利

營業收入 － 營業成本 ＝ 營業毛利

反應出企業商品採購議價能力、製造生產技術效能、服務成本的管控、外部供應鏈管理能力。

營業利益

營業毛利 － 營業費用 ＝ 營業利益

本項已含蓋企業所有經常性營運活動，可看出企業內部組織管理能力，研發成本的投入潛藏未來發展的藍圖。

稅前淨利

營業利益 ± 營業外收支 ＝ 稅前淨利

本項目已含蓋企業本業與副屬業務全部活動，包含財務操作及多角化營業版圖。

稅後淨利

稅前淨利 － 所得稅 ＝ 稅後淨利

本項為扣除專屬繼續營業單位的所得稅費用，為本期可歸屬權益參與者享有之未分配盈餘。

資料來源：公司財報、作者整理

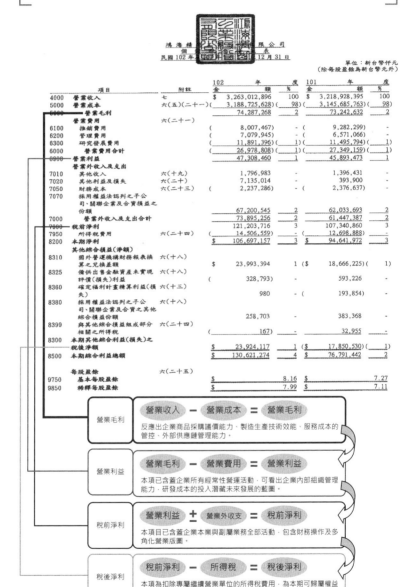

2-8 解析營業成本 透視企業競爭實力

營業成本，看似綜合損益表中一項支出，其實其代表著一連串龐雜交易金額的蒐羅、分類、計算、分攤、彙集的整合結果。「營業成本」在綜合損益表中的位置，看似為了創造「營業收入」必需負擔的代價。另一個逆向角度觀察，營業成本是萬丈高樓的基礎工程，是決定企業競爭實力的墊腳石。

成本資訊決定售價

交易市場上，漂亮的售價化身物美價廉，有時即是產品最佳的無聲行銷。但這美麗漂亮的底限，就是營業成本。精準的成本資訊，企業可據以決定產品售價策略。最基本的原始模式是將本求利，與同業和平相處共榮並進。或者改採「焦土策略」，以低價強勢主導市場，逼使其他同業不堪虧損被迫退出市場，成主敗寇建立一家獨大的供應鏈。

事實上，這並非易事！以製造業為例，簡化的生產要素有三，原物料、人工、製造費用。關於原物料，採購價格要低，品質要好，貨源要持續穩定。人力的考量，除了相似於前述價、質、量的權衡外，人心難測，萬眾一心時是人才，但一哄而散則成了人禍。再者製造流程的專利技術，產能的規劃控制，均牽一髮而動全身。

回歸財務層面，財務報表上所呈現的數字是另一個面向。各項支出其效益期間的長短，與該支出的經濟效益是否已消耗完畢，才是決定財務報表表達的關鍵，例如一項支出，其經濟效益及於次一期間、或於本期尚未耗用，在會計上則具有預付的性質，或為企業的存貨。對於主客觀要件上，具有未來經濟效益的資源，將呈現於資產負債表中，而在本期已消耗或不具未來經濟效益的支出，則列示於綜合損益表。

在此我們需深知，營業成本非數量化的經濟意涵，另外資產與損失可能只是一線之隔，一念之差財務報表都因之而有不同面貌。

營業成本支出解析

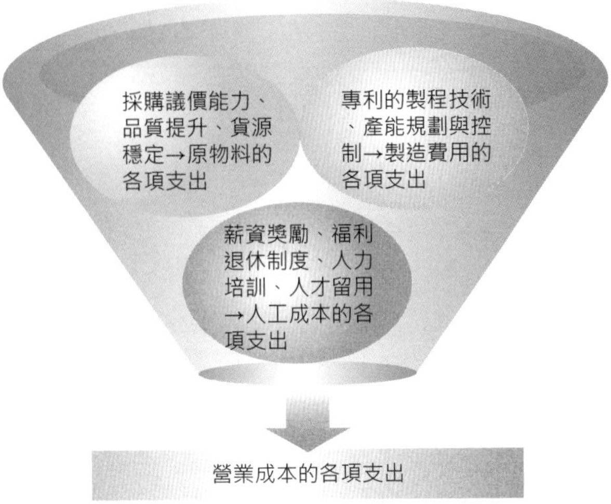

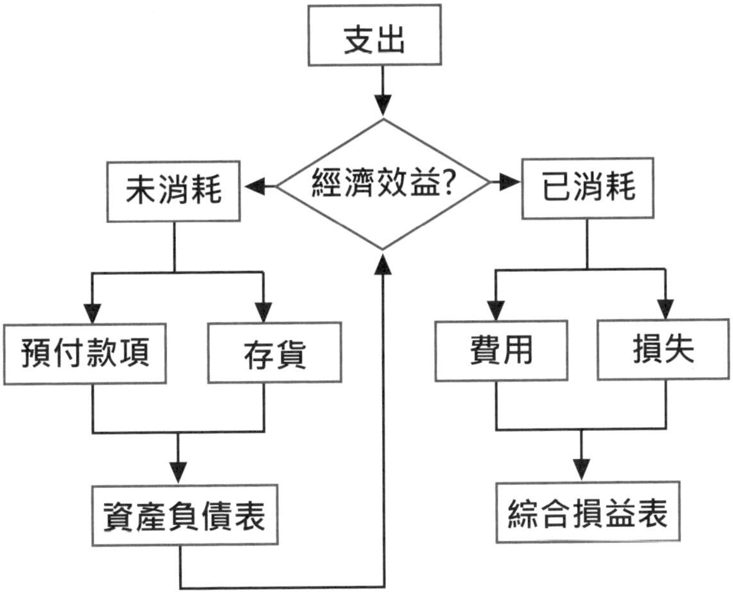

資料來源：作者整理

2-9 管理績效也會影響企業獲利

綜合損益表，由二大要素所構成，即收益與費損。在編製報表時，再將依各項收益與費損與企業主要營運活動的關聯，以多階段式的表達將金額分列計算，形成具有績效意義的經濟指標。

收益，依與企業主要業務之關係，區分出營業收入與營業外收入。

會計項目的層屬關係

費損再配合收入之表達與營運活動之關聯，區分為營業成本、營業費用與營業外支出。【附圖】正可看出以上這些會計項目所形成的層屬關係。

1. 計算邏輯：營業收入－營業成本＝營業毛利

　營業毛利－營業費用＝營業利益

2. 管理意義：

(1)營業毛利，代表經由銷售貨物或提供勞務所達成之本業毛利。

(2)營業費用，係指企業為維持當期營運所應負擔的費用。依其性質可分為三大類：推銷費用、管理費用、研究發展費用。

再探究各項費用的支出項目，則包括人事薪資、辦公室租金及管理費、水電費與郵電費、行銷廣告支出、設備折舊與修繕維護費用、呆帳損失等。這些費用的發生，雖不必然會創造利潤，有時反而會吞噬營利毛利。

但其間蘊含著企業組織的管理效率，研發費用則潛藏未來發展的軌跡，因本項已涵蓋企業所有經常性營運活動，故對於預測企業未來狀況具高度參考價值。

(3)營業利益，為企業本期經常性營業活動所創造之利益。

綜合損益表重要科目關係

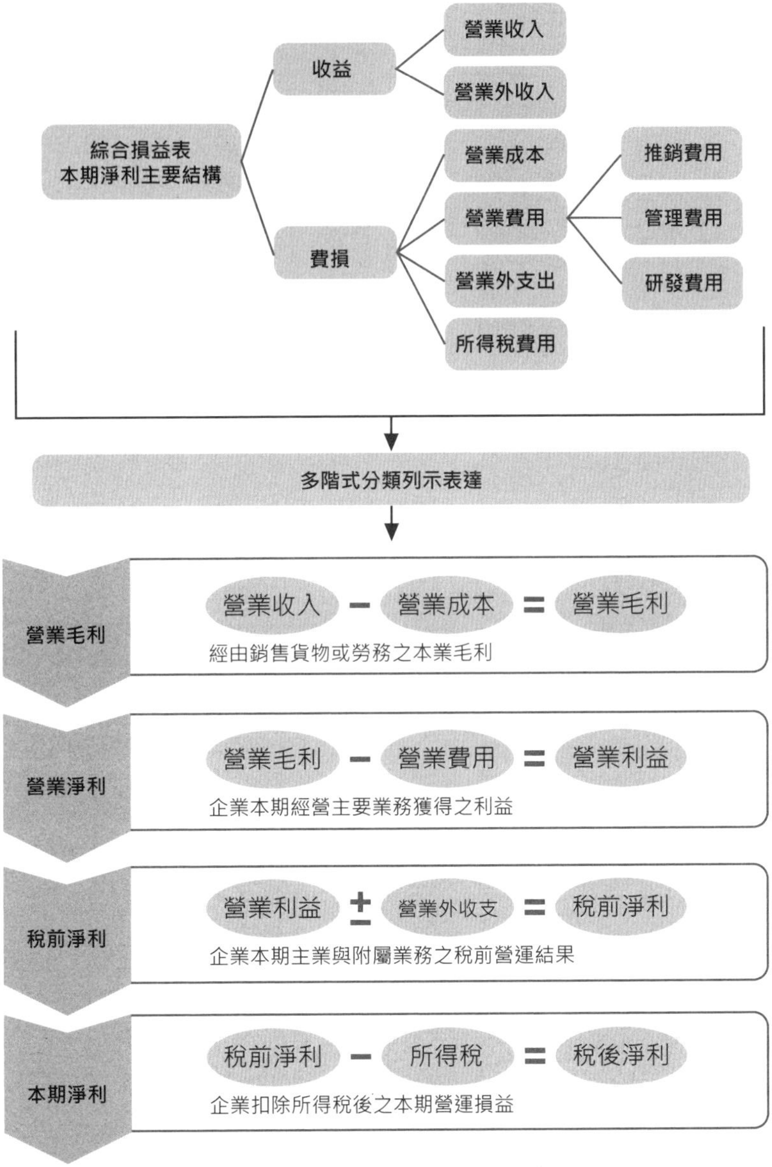
綜合損益表
本期淨利主要結構
收益
營業收入
營業外收入
費損
營業成本
營業費用
推銷費用
管理費用
研發費用
營業外支出
所得稅費用
多階式分類列示表達
營業毛利
營業收入 − 營業成本 = 營業毛利
經由銷售貨物或勞務之本業毛利
營業淨利
營業毛利 − 營業費用 = 營業利益
企業本期經營主要業務獲得之利益
稅前淨利
營業利益 ± 營業外收支 = 稅前淨利
企業本期主業與附屬業務之稅前營運結果
本期淨利
稅前淨利 − 所得稅 = 稅後淨利
企業扣除所得稅後之本期營運損益

資料來源：作者整理

2-10 營業費用四大觀察方向

營業費用，依性質屬性常分為三大類，推銷費用、管理費用與研發支出。營業費用的發生與投入，不必然就有相對應的營業收益產生，但營業費用可視為企業建置與維持整體營運動能的基本開銷。

營業費用與企業經營績效的表達，可由四大構面進行觀察。

觀察營業費用與營業績效

1. 營運規模與管理效率。

組織規模的大小與營業費用呈現正相關，例如企業人員的配置、基本行政費用都會隨組織擴大而增加。但一味擴大規模，卻未等比例複製獲利機制的企業，營業費用反而侵蝕獲利，這其中的關鍵因素正是管理效率。

2. 競爭優勢與企業策略。

面對競爭環境，為獲取更高的獲利，可視企業本身的核心能力，採取「低成本」策略或「差異化」策略，即如【2.3】所示。採低成本策略，在不違背道德良知的情況下，一切以便宜與精簡支出為最高指導原則。若採差異化策略，為在市場上建立明確差異地位，勢必投入較多的企業形象支出與產品廣告行銷費用。

3. 會計估計影響費用高低。

營業費用中包含設備資產分攤計提的折舊金額，但折舊金額的計算，受到企業關於折舊會計方法的選擇、耐用年數的估計、殘值的預期。又如企業對於應收帳款呆帳風險的評估，反映於呆帳費用的多寡，都會影響營業費用的高低。

4. 資本化政策影響支出表達。

一筆支出是為「費損」？亦或是「資產」？其間涉及金額的權衡，不具重大性的支出，若分攤於預估耐用年限，（例如一個可用十年的三百元垃圾桶）其實不符合成本效益；但金額具影響決策的重大性支出，如【2.8】所示，經濟效益評估流程其實深受企業主觀預期所左右。

營業費用四大觀察方向

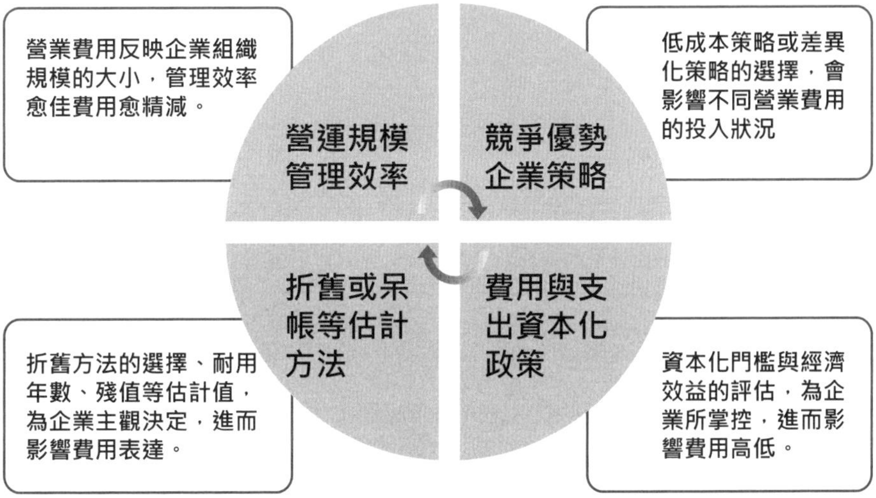
營業費用反映企業組織規模的大小，管理效率愈佳費用愈精減。
營運規模
管理效率
競爭優勢
企業策略
低成本策略或差異化策略的選擇，會影響不同營業費用的投入狀況
折舊方法的選擇、耐用年數、殘值等估計值，為企業主觀決定，進而影響費用表達。
折舊或呆帳等估計方法
費用與支出資本化政策
資本化門檻與經濟效益的評估，為企業所掌控，進而影響費用高低。

資料來源：作者整理

2-11 常見營業外收益與費損

營業外收益及費損，指企業本期內非因經常性營業活動所發生之收益及費損，常見的項目例如利息收入、租金收入、權利金收入、股利收入、利息費用、透過損益按公允價值衡量之金融資產（負債）淨損益、採用權益法認列之投資損益、兌換損益、處分投資損益、處分不動產、廠房及設備損益、減損損失及減損迴轉利益等。

在財務報表的表達上，法令特別規定利息收入及利息費用應分別列示。透過損益按公允價值衡量之金融資產（負債）淨損益、採用權益法認列之投資損益、兌換損益及處分投資損益，得以其淨額列示。

營業外收益及費損，在許多持保守態度的分析人員眼中，其暨非核心主要營業活動所產生，故不將其列入企業價值評估的考量因素。相反的，以企業營運管理的立場，重視最終淨利正數，遠超過關心淨利源自於經常性本業或營業外損益的貢獻。

偶發性營業收支值得注意

我國消費市場規模，遠不及中國、日本、歐美等地，許多中大型企業更是以外銷市場為主力，以全球化佈局為策略，國際貿易環境下兌換損益的發生，已屬稀鬆平常。

另外透過融資槓桿靈活財務操作，利息費用有時是取得充沛資金提升股東獲利的捷徑。亦或是將閒置資金轉投入股市，追逐股市榮景所產生的損益，都在企業營運歷程中週而復始的發生著。

但有些營業外收支項目則不然，例如處分不動產廠房等發生的損益，通常僅為偶發性，同時投資人尚需深入思考，此類型交易是否暗示著企業營運已步入夕陽；或者交易對象是否為關係人？有無圖利特定對象之虞？而複雜的投資損益，也象徵著，本公司許多資金經由轉投資，也跨越了本公司股東的可監督範疇。

營業外收益與費損

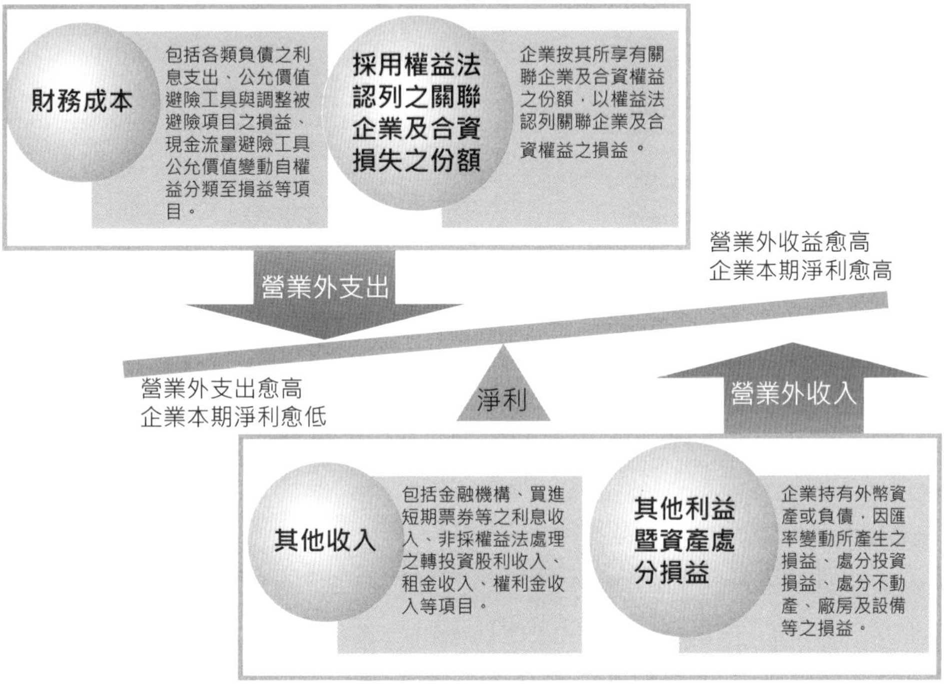
財務成本
包括各類負債之利息支出、公允價值避險工具與調整被避險項目之損益、現金流量避險工具公允價值變動自權益分類至損益等項目。
採用權益法認列之關聯企業及合資損失之份額
企業按其所享有關聯企業及合資權益之份額，以權益法認列關聯企業及合資權益之損益。
營業外支出
營業外收益愈高
企業本期淨利愈高
營業外支出愈高
企業本期淨利愈低
淨利
營業外收入
其他收入
包括金融機構、買進短期票券等之利息收入、非採權益法處理之轉投資股利收入、租金收入、權利金收入等項目。
其他利益暨資產處分損益
企業持有外幣資產或負債，因匯率變動所產生之損益、處分投資損益、處分不動產、廠房及設備等之損益。

資料來源：公司財報、作者整理

2-12 獲利能力觀察指標：稅前淨利

獲利能力第一個觀察指標是【2.7】所介紹的營業毛利，其代表企業透過主要產品銷售或勞務提供，於直接成本上加價而回收之溢酬金額。第二個獲利能力觀察指標則是【2.9】所介紹的營業利益，其為營業毛利扣除維持企業營運的各項費用後之餘額，藉以反映出企業本業的績效狀況。

長期競爭力的參考依據

此外，還有如【2.11】所介紹各項本業之外引發的損益，例如有因資金融通，產生的利息收入或利息支出；國外帳款因匯率變動產生的兌換損益；轉投資發生的股利收入等項目。綜觀財務報表，要能統攝企業全期一切收益與費損，自應將本業之營業利益再加計營業外收支要素，即為可作為企業獲利能力第三個觀察指標—「稅前淨利」。

稅前淨利，其不僅包含本業營運狀況，更納入財務操作管理的成果，並且將企業多角化經營的樣貌一併囊括。因此，本指標適合作為評估長期競爭力的參考依據。

營業外收支值得注意

財務報表的結構，如同人的身形體態，容或乍看能辨雌雄，但仔細端詳五官則個個不同。綜合損益表亦是如此！在營業利益之前的表達項目，各家公司大同小異，但加入營業外收支項目後，企業行業特性與經營形態，各有風格各擅其長。

又如，本土型企業的中規中矩，國際型企業的霸氣橫溢，迥異特質涇渭分明。【附表】下半併列了台灣在地的上櫃建設公司—永信建（5508）與全球第一大筆記型電腦製造研發公司—廣達（2382），二者簡易財務資料。

相形之下廣達營業外收支項目明顯複雜許多。複雜與單純，並無好壞之別，而是營業外收支項目，應與企業實際營業狀況相當。該發生的，沒瞧見?!不該發生的，卻頻頻出現?!這些情況都是投資人應特別留心觀察的重要警訊。

如何觀察稅前淨利

獲利指標1 → 營業毛利 = 營業收入-營業成本

獲利指標2 → 營業利益 = 營業毛利-營業費用

獲利指標3 → 稅前淨利 = 營業利益±營業外收支

	廣達(2382)				永信建(5508)			
							單位：新台幣仟元	
會計項目	**103年第3季**		**103年01月01日至 103年09月30日**		**103年第3季**		**103年01月01日至 103年09月30日**	
	金額	**%**	**金額**	**%**	**金額**	**%**	**金額**	**%**
營業收入合計	244,332,767	100	674,671,011	100	1,232,515	100	3,463,419	100
營業成本合計	233,336,827	95.5	644,356,527	95.51	629,064	51.04	1,809,091	52.23
營業毛利	10,995,940	4.5	30,314,484	4.49	603,451	48.96	1,654,328	47.77
未實現銷貨（損）益	713	0	713	0	0	0	0	0
已實現銷貨（損）益	1,011	0	525	0	0	0	0	0
→ **營業毛利**	10,996,238	4.5	30,314,296	4.49	603,451	48.96	1,654,328	47.77
營業費用								
推銷費用	2,723,695	1.11	5,935,157	0.88	39,966	3.24	122,586	3.54
管理費用	1,976,911	0.81	5,985,531	0.89	24,660	2.00	74,740	2.16
研究發展費用	2,651,903	1.09	7,555,245	1.12	0	0	0	0
營業費用合計	7,352,509	3.01	19,475,933	2.89	64,626	5.24	197,326	5.70
→ **營業利益**	3,643,729	1.49	10,838,363	1.61	538,825	43.72	1,457,002	42.07
營業外收入及支出								
其他收入	2,188,928	0.9	7,004,724	1.04	1,118	0.09	2,210	0.06
其他利益及損失淨額	1,023,435	0.42	1,997,951	0.3	0	0	0	0
財務成本淨額	735,874	0.3	1,884,163	0.28	1	0	3	0
採用權益法認列之關聯企業及合資損益之份額淨額	7,978	0	13,715	0	0	0	0	0
營業外收入及支出合計	2,484,467	1.02	7,132,227	1.06	1,117	0.09	2,207	0.06
→ **稅前淨利**	6,128,196	2.51	17,970,590	2.66	539,942	43.81	1,459,209	42.13
所得稅費用合計	1,365,617	0.56	4,124,007	0.61	1,083	0.09	3,932	0.11
繼續營業單位本期淨利	4,762,579	1.95	13,846,583	2.05	538,859	43.72	1,455,277	42.02
本期淨利	4,762,579	1.95	13,846,583	2.05	538,859	43.72	1,455,277	42.02
其他綜合損益(淨額)								
國外營運機構財務報表換算之兌換差額	742,196	0.3	-108,853	-0.02	0	0	0	0
備供出售金融資產未實現評價損益	-37,164	-0.02	1,637,138	0.24	0	0	0	0
採用權益法認列之關聯企業及合資之其他綜合損益之份額合計	-8,899	0	9,196	0	0	0	0	0
與其他綜合損益組成部分相關之所得稅	0	0	0	0	0	0	0	0
其他綜合損益（淨額）	696,133	0.28	1,537,481	0.23	0	0	0	0
本期綜合損益總額	5,458,712	2.23	15,384,064	2.28	538,859	43.72	1,455,277	42.02
淨利（損）歸屬於：								
母公司業主（淨利／損）	4,732,465	1.94	13,474,704	2	538,859	43.72	1,455,277	42.02
非控制權益（淨利／損）	30,114	0.01	371,879	0.06	0	0	0	0
綜合損益總額歸屬於：								
母公司業主（綜合損益）	5,388,960	2.21	15,602,161	2.31	538,859	43.72	1,455,277	42.02
非控制權益（綜合損益）	69,752	0.03	-218,097	-0.03	0	0	0	0
基本每股盈餘								
基本每股盈餘	1.23		3.5		2.97		8.03	
稀釋每股盈餘								
稀釋每股盈餘	1.22		3.47		2.97		8.03	
103年9月30日收盤價			77.2				64.2	

資料來源：公司財報、作者整理

2-13 本業外財務操作 留心匯率波動

投資上市櫃公司股票，短線操作靠的是題材，引發股價快速翻騰或暴跌，此時股價變動迅雷不及掩耳，投資人更需眼明手快，才能在乍現的夾縫中賺取價差。

中長期操作則仰賴股價如溫水煮青蛙般緩步移動，創造出波段穩健價差。亦或是股價能長久維持不動如山，別以為這很容易！股價要能挺得住，可不是只靠口號與願景，還需企業本身有持續的獲利及穩定的盈餘分配。

靈活運用金融工具成創造獲利另一祕境

既要「持續」又要「穩定」，二者兼俱的財務指標，可由稅前淨利剔除非經常性的交易項目所造成的損益變動。例如，處分轉投資、土地、不動產等之損益。在股市行情大好時，有些公司即趁機處分轉投資的股票；或者利用房地產走大多頭時，獲利了結。這類收益多半是神來一筆，常後續無力。畢竟祖產賣了就沒了，一時題材炒作或許驚豔，但若無其他利多持續加持，股價很快就花容失色。

但是，經常發生的項目，繼續出現就一定常保無虞嗎？如前【2.12】所介紹的廣達（2382），其產品行銷全球，供應鏈的網絡也遍佈世界各地，外幣交易頻繁自是想當然耳，隨匯率波動引發的兌換損益，也就不足為奇。可如今電子「慘」產已淪入「毛三道四」的微利景況，靈活的運用金融工具，不僅是為了規避因營業、融資及投資活動所產生的匯率風險外，有時也是創造獲利的另一祕徑。

以二〇一三年一月至二〇一四年十月為觀察期間，全球二大主要貨幣，美元與人民幣的走勢圖。雖就整體期間大方向來看，美元與人民幣均呈現升值走勢，但其間美元匯率上下震幅最高約為五・六七%，人民幣匯率上下震幅最高約為七・四七%。這樣的震動幅度算高嗎？對企業損益的影響大嗎？二者答案均為肯定的。參照下段截取自廣達於二〇一三

2013年至2014年第三季美金、人民幣匯率走勢圖

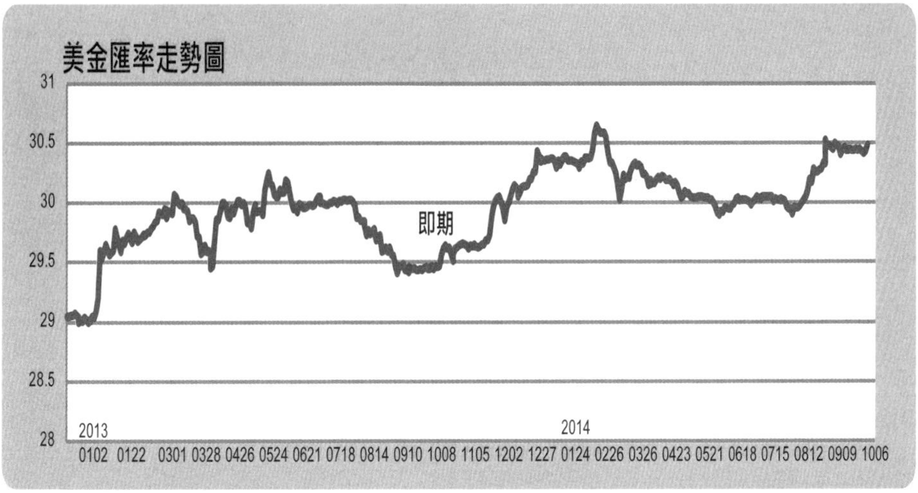

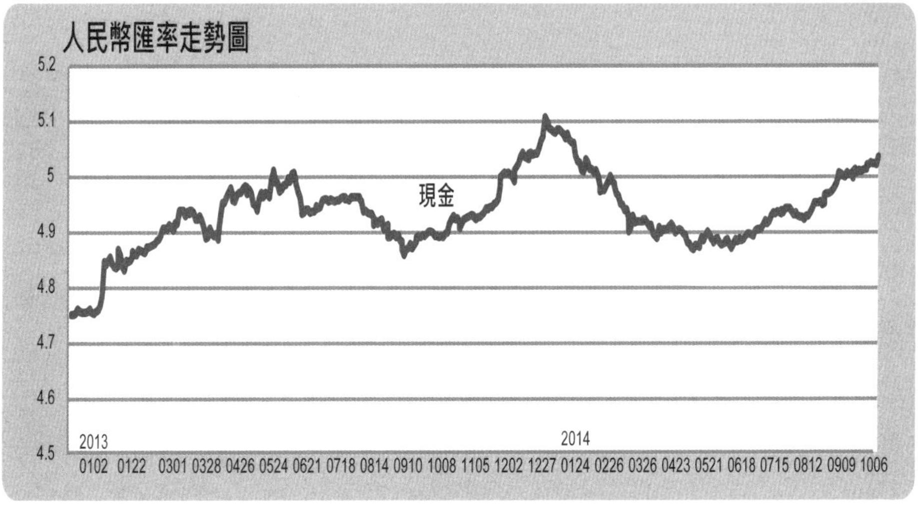

資料來源：YAHOO財經、YAGHOO股市、經濟日報

年度財務報告中所揭露的市場風險。

雖其已主動透過衍生金融工具，以儘量控制公司所面臨的匯率風險。但事實上，廣達暴露於匯率風險的金融資產在二〇一三年底約有七十九億美元，金融負債則有六十億美元。

二〇一四年第三季合併企業金融資產約有六六・八億美元、人民幣五十六億，金融負債則有七十八億美元、人民幣八億。如此龐大的規模，一旦匯率發生波動，對營運損益的影響所產生的衝擊絕對不容小覷。

二〇一三年底廣達於其財報中所揭露匯率波動敏感性分析，當新台幣相對於美元及人民幣貶值或升值一%，在其他因素維持不變的情況下，對於稅後淨利將造成增減約有新台幣四・七億元。

匯率操作需留心匯差

【附表】就以二〇一三年至二〇一四年第三季，廣達各季稅前淨利及兌換損益進行觀察，並計算兌換損益單一項目占稅前淨利之百分比。其中二〇一三年第一季，兌換利益約達稅前淨利四二・六六%，換言之，當期幾乎有一大半的淨利貢獻是來自於匯率波動所致！

投資這類型企業，一定要先著手瞭解相關外幣匯率波動，對企業損益的影響。目前上市櫃公司於財務報告中會揭露匯率敏感性分析，投資人務必留心參閱。因為公司本業好不容易賺到的利潤，可能一夕之間，就被匯差給吞噬了。

廣達(2382)各季稅前淨利與兌換損益比較

單位：新台幣仟元

	2014 年第 1 季	2014 年第 2 季	2014 年第 3 季	
稅前淨利	6,149,816	5,692,578	6,128,196	
兌換(損)益	1,223,339	(191,749)	1,223,431	
兌換損益占稅率淨利比重	19.89%	(3.37)%	19.96%	
	2013 年第 1 季	**2013 年第 2 季**	**2013 年第 3 季**	**2013 年第 4 季**
稅前淨利	6,006,650	5,624,554	6,152,389	4,776,236
兌換(損)益	2,562,626	1,313,634	297,500	323,684
兌換損益占稅率淨利比重	42.66%	23.36%	4.83%	6.78%

【經濟日報相關新聞】

（中央社記者羅秀文台北2014年8月17日電）廣達(2382)第2季因匯損影響，單季EPS僅1.06元，低於外資預期，高盛、美銀美林、瑞信等外資對後市看法保守，維持中立或不如大盤表現評等，德意志與大和證則維持買進評等。

廣達在匯兌操作上向來神準，第2季罕見出現匯損新台幣1.92億元，相較第1季匯兌收益12.23億元，差距不小。第2季稅後盈餘40.67億元，季減13%，EPS僅1.06元，低於首季的1.21元，衝擊15日股價開低走低，終場下跌2元，收在82.4元，跌幅2.37，失守5日線。

高盛證券最新報告指出，廣達第2季EPS僅1.06元，季減13%，年增1%，分別低於高盛及外資圈預估值14%、13%，主要是受到匯損影響，是2009年第2季以來首見。

不過，高盛證券指出，廣達第2季毛利率來到4.9%，優於首季的4%，主要是來自產品組合改善、成本下降和營運效率提升。在產品組合方面，第2季筆記型電腦(NB)營收占比降到65%以下，雲端業務占比則提升至15%以上。

展望第3季，廣達預期NB出貨量將季增10%，下半年雲端業務營收占比將提高至20%。高盛證券認為，廣達第3季NB出貨展望符合大多數ODM廠商的預期，顯示個人電腦(PC)市場持續復甦中。但由於下半年利潤率走勢不確定及匯損的疑慮，維持「中立」評等和目標價77元。

資料來源：YAHOO財經、YAGHOO股市、經濟日報

2-14 轉投資舉足輕重 總部相形失色

今日企業面對全球化的競爭浪潮，要提昇盈餘，創造競爭優勢，莫不致力於爭取全球有利的經營要素，以強化企業的核心競爭力，這些經營要素，或為利用全球相對低成本的生產要素進行生產，或為自全球資本市場中取得所需的營運資金，或為吸引全球的菁英建構最佳的經營團隊。於是許多企業在根留台灣的同時，也邁開步伐進軍全球。

台灣因在國際間特殊的政治地位，企業為能在經濟活動中減少政治因素的干擾，即透過跨國轉投資的營運方式，建構無國界集團分工模式，航運業即是顯例。因為輪船飛機需要上天下海通行無阻，方能讓世界看見我們的存在。

比對合併報表窺全貌

一九六八年（民國五十七年）成立迄今近五十年的裕民（2606），為擁有各型散裝貨輪、水泥船及油輪的航運公司。就二〇一三年該公司資產負債表所揭露的財務狀況，其普通股股本有八十六億，資產規模約達五百六十四億，其中「採權益法的轉投資」超過五百三十一億，意即有超過九十四%的資產透過轉投資已分散至子公司與關聯企業。

而集團各子公司也成為營運主力，【附表】上半彙集其綜合損益狀況可見一斑。裕民本業為淨損三・八仟萬，子公司與關聯企業營運獲利貢獻有十六億。換言之，台灣總部的存在需仰賴管理價值的發揮，方能運籌帷幄千里之外。

分析這類型企業財務報表，應比對母公司與子公司合併報表才能略見全貌，【附表】下半即是。跨國企業因其盈餘來源分散於不同國家或區域，縱使任何一個強調自由開放的政府，亦或多或少有租稅金融等法令規範要求，只是鬆緊程度不同罷了。

母公司即便有百分之百控股權，但鞭長也有莫及時，將士在外軍令也有難從時。保守型投資人，面對這類型投資標的，除了觀察集團整體獲利外，尚需將母公司股利實質分配狀況列入考量方為上策。

集團與轉投資效益

裕民(2606)個體損益資料

單位：新台幣仟元

關於損益部份：	2013 年度個體財務資料	
	金額	%
營業收入	1,486,971	100
營業成本	1,310,922	88
營業毛利	176,049	12
營業費用	214,434	15
營業淨損	(38,385)	(3)
營業外收入及支出		
採用權益法認列之子公司、關聯企業及合資損益份額	1,609,553	108
其他項目	25,144	2
財務成本	(266,466)	(18)
營業外收入及支出合計	1,368,231	92
稅前淨利	1,329,846	89

關於資產及轉投資等資訊：	
普通股股本	8,580,167
資產總額	56,356,775
負債總額	30,854,877
採用權益法之轉投資	53,119,939

集團主要公司暨持股狀況

投資公司名稱	子公司名稱	業務性質	102年12月31日
本公司	裕民航運新加坡私人有限公司（裕民新加坡公司）	運輸業	100%
	裕民航運香港有限公司（裕民香港公司）	運輸業	100%
	裕利投資股份有限公司（裕利投資公司）	一般投資	68%
	裕通投資股份有限公司（裕通投資公司）	一般投資	74%
裕民新加坡公司	Falcon Investment Private Limited（Falcon）	一般投資	100%
	Eagle Investment Private Limited（Eagle）	運輸業	100%
	裕利投資公司	一般投資	32%
	裕通投資公司	一般投資	26%
裕民香港公司	Overseas Shipping Pte. Ltd.（OSPL）	運輸業	100%
	Alliance Maritime Pte. Ltd.	運輸業	-
	廈門裕民船舶服務有限公司（裕民廈門公司）	船舶服務	100%

裕民(2606)及子公司2013年度合併財務資料

	金額	%
營業收入	7,407,948	100
營業成本	6,364,360	86
營業毛利	1,043,588	14
營業費用	291,193	4
營業淨損	752,395	10
營業外收入及支出		
處分不動產,廠房及設備利益	379,487	5
透過損益按公允價值衡量之金融資產	373,662	5
財務成本	(299,810)	(4)
外幣兌換損失	(282,704)	(4)
利息收入	278,053	4
處分投資利益	249,147	3
股利收入	176,216	3
其他收入	13,325	-
採用權益法認列之子公司、關聯企業及合資損益份額	11,978	-
減損損失	(11,831)	-
什項支出	(8,123)	-
營業外收入及支出合計	879,400	12
稅前淨利	1,631,795	22

資料來源：台灣證券交易所

2-15 所得稅將影響企業最終損益結果

我國憲法第十九條明定，人民有依法律納稅之義務。是以「納稅」為法令所規定強制課予人民的「義務」，一旦人民未履行納稅義務，政府即可秉依律法動用公權力強制人民踐履完稅的義務，故租稅是企業無可避免的經營成本。

跨界經營進行資本投資

無國界競爭為現今企業環境所面臨最嚴苛的挑戰之一，為強化企業本身的競爭優勢與提高獲利，企業的經營觸角常積極向外伸展，甚或跨越國界，以宏觀的國際化佈局，進行資本投資，【2.14】所介紹的裕民亦是如此。不論資本投資是源於自願性的合縱連橫或是被動性的隨波逐流，其目的均著眼於整合全球最有利的經營資源，冀以達到永續經營與企業價值極大化的終極目標。

在重視使命與崇尚願景的今日，企業一方面要與顧客、供應商、政府或社區等外部利害關係人和平互惠，否則自然環境淪喪於少數人的經濟利益，工安污染代價已難估量。另一方面，企業也要與出資的股東、員工、經理人或管理者等內部利害關係人雙贏共榮，否則圍廠罷工抗爭，亦是損人不利己。

互惠共榮其基本前題需建立在企業的永續經營，而永續經營的原動力則奠基於競爭優勢的培養、累積、維持與再造。任何一個組織競爭優勢的來源，即是運用其獨特核心能力整合有形及無形的資源及潛力，發展出更佳的效率、品質、創新及顧客服務，進而以低成本或差異化的策略，創造企業價值，以成就更高的獲利目標。

企業可以自由支配的盈餘

競爭優勢，成就企業高獲利，獲利則可以再投資回饋企業自身永續成長的潛力與動能，獲利也可以發放股利回饋股東，進而吸引更多潛在資金加入，故盈餘實為企業厚植競爭優勢的關鍵因素。「稅後淨利」為企業可自由支配的盈餘，正是這關鍵因素的核心樞紐。

所得稅影響企業損益

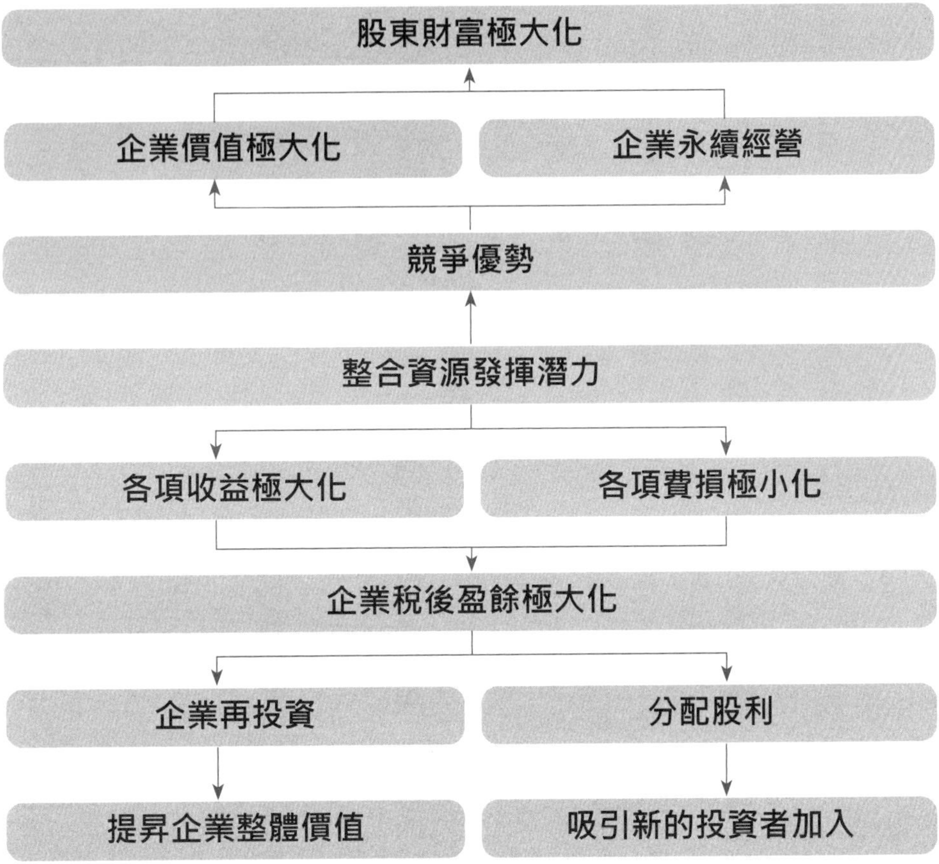

資料來源：作者整理

2-16 所得稅費用各家高下大相逕庭

【2.12】所介紹的稅「前」淨利與【2.15】所談的稅「後」淨利，二者間僅差別於所得稅費用。所得稅，既是依法令規定計算而來，目前我國營利事業所得稅法定稅率為十七％，由此推知企業負擔的所得稅，理論上即應為「稅前淨利×十七％」，事實上的狀況，真是如此嗎？

【附表】彙列了數家上市櫃公司二〇一三年度經會計師查核簽證之財務報告上所揭示的稅前淨利、所得稅費用與稅後淨利；並以所得稅費用占稅前淨利之比例，計算出各公司之實際有效稅率。我們看到各公司的狀況，竟與法定稅率十七％有顯著差別。其中長榮於二〇一三年雖為虧損，但依其財務報表附註所揭露，其因有按稅法規定剔除項目，造成會計結算雖已是虧損連連，但經調整後以稅法觀點，卻需由虧轉正出現課稅盈餘，仍需繳納所得稅。

投資人可將抵稅權高低視為投資評比因素

【附表】所觀察的樣本，經排除二〇一三年度為虧損的長榮與陽明（2609），比較其餘各公司的有效稅率，多數企業實際之有效稅率均較法定稅率為低，其中最低者為永信建（5508）之〇・一二％；但亦有少數企業較法定稅率為高者，其中最高者為遠傳（4904）之十八％。

究其原因，永信建因屬營建業，出售土地部份之所得因已課「土地增值稅」，故不再重覆課徵同性質的「所得稅」。正因如此，營建業整體所得稅負擔，表面上看起來似乎較其他產業低，有其特殊背景因素所致。

又我國目前已將公司的「營利事業所得稅」與個人股東的「綜合所得稅」兩稅合一，即公司階段所繳納的營利事業所得稅，會伴隨著股利發放時一併分配予股東，個人股東再視自身賦稅狀況申請扣抵或退稅。因此，投資人亦應將此一抵稅權，即「可扣抵稅額」的高低，列為投資評比的考量因素。

投資人留心可抵扣稅額

營利事業所得稅法定稅率：17%

↓

企業實際負稅狀況為何？

↓

(單位：新台幣千元)

	中華電 (2412)	台灣大 (3045)	遠傳 (4904)	台積電 (2330)	聯電 (2303)	廣達 (2382)	鴻海 (2317)	永信建 (5508)	長榮 (2603)	陽明 (2609)	裕民 (2606)
年度	2013	2013	2013	2013	2013	2013	2013	2013	2013	2013	2013
稅前淨利	47,536,702	16,587,653	14,354,293	215,716,550	14,652,485	22,559,829	121,203,716	5,035,516	(1,451,602)	(3,314,333)	1,596,312
所得稅費用(利益)	7,821,009	1,004,206	2,583,773	27,569,760	2,022,282	3,941,827	14,506,559	6,129	45,702	(368,219)	29,403
稅後淨利	39,715,693	15,583,447	11,770,520	188,146,790	12,630,203	18,618,002	106,697,157	5,029,387	(1,497,304)	(2,946,114)	1,566,909
有效稅率	16.45%	6.05%	18.00%	12.78%	13.80%	17.47%	11.97%	0.12%	-3.15%	11.11%	1.84%

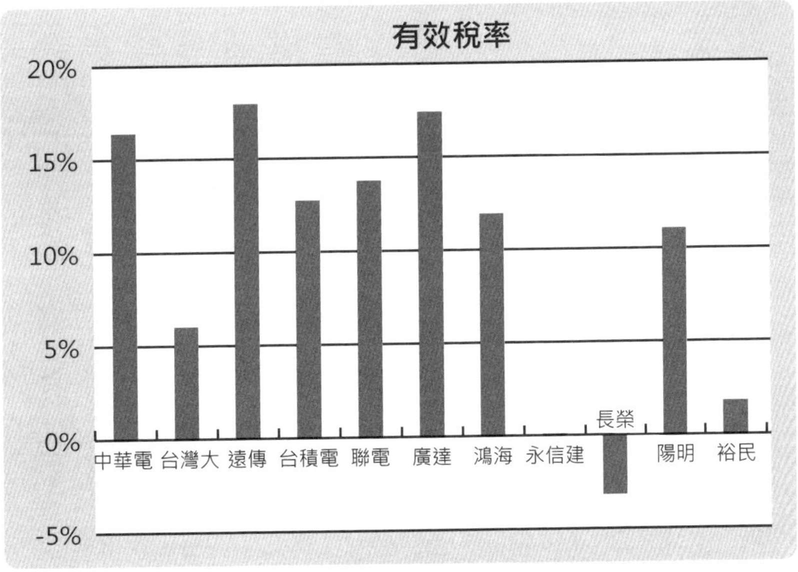

資料來源：公司財、作者整理

2-17 造就稅賦高低原因各不同

是何原因造成如【附表】所呈現的稅負高低各不同？

1.政府主動給予的獎勵誘因，造就租稅減免

早年政府為了鼓勵投資，陸續實施了獎勵投資條例、促進產業升級條例暨現今的產業創新條例，相關的減免措施各期間略有不同，近年更因政府財政困難暨租稅公平的倡議而陸續減縮。

其中與所得稅有關的項目，計有五年免稅、自動化研發節能防污等投資抵減、加速折舊與租稅延期等。

2.稅法強加之限制要件，造成稅負增加，但企業若加強自主管理，是可減輕相關衝擊。常見有下列各項：

(1)稅法對特定項目訂有列支限額。最常見的即為交際應酬的支出，為避免企業相關支出浮濫或者企業層峰慷他人之慨假公濟私，因此限制僅能在企業營業收入與進貨採購支出之一定比例內列報交際費，超逾部份雖支出已發生，但計算課稅盈餘時需將超限部分予剔除調高課稅所得。

其他例如費用支取得小規模營利事業出具普通收據之金額、薪資之通常水準、非對政府之捐贈金額、職工福利、備抵呆帳之提列、豪華轎車之折舊等，均訂有列支限額。

(2)稅法上對特定行為要件的規定。稅法上對於各項費用及損失的認列，均需取具並保存符合法令規定的憑證。另外，有些項目的列支則訂有前題要件，例如商品報廢，需於十五日內，檢具商品報廢清單，報請稅捐稽徵機關或事業主管機關派員勘查監毀，方可認定。

(3)分配盈餘的課稅規定。我國實施兩稅合一制度後，企業需就當年度所發生之未分配盈餘再加徵10％營利事業所得稅。

3.盈虧互抵

政府要求企業每年度提報營運狀況以進行課稅，但真實的營運結果被分年切割獨立審查，有盈餘即課稅，但虧損發生時卻視若無睹，將危害企業永續發展，為避免因損益起伏造成虛盈實稅，故稅法准就符合特定條件之虧損，自以後十年之盈餘中扣除。

稅賦高低原因各異

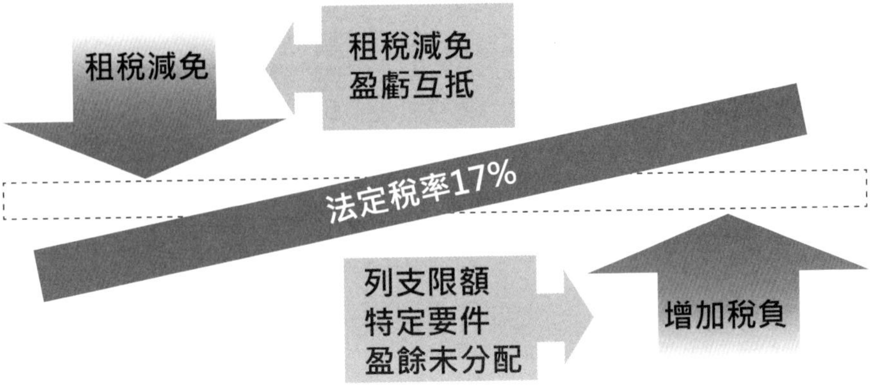

永信建(5508)2013年會計盈餘與課稅所得之差異調節狀況

	102 年度
繼續營業單位稅前淨利	$2,035,516
稅前淨利按法定稅率計算之所得稅費用	$ 346,038
免稅所得	(348,542)
未分配盈餘加徵	770
土地增值稅	3,764
未認列之虧損扣抵	3,815
未認列之暫時性差異	284
以前年度之當期所得稅費用於本年度之調整	-
認列於損益之所得稅費用	$ 6,129

資料來源：公司財報、作者整理

2-18 所得稅還可能變為利益

在【1.11】我們談到了企業財務報表編製的基礎，採行權責發生基礎，意即企業應於交易事項發生後，當其會造成資產、負債、權益發生增減影響時，就應加以記錄表達於會計帳上。基於這樣邏輯，所得稅的課徵因如【2.17】所介紹的各種原因，可能使企業個別年度的會計盈餘與課稅盈餘（所得）有所差異。

適用促產條可以抵營業利益減所得稅

以投資抵減之適用狀況為例，公司若有因適用促產條例之投資抵減，其投資抵減之稅額自當年度起五年內可抵減各年度應納營利事業所得稅。其每一年度得抵減總額，以不超過該公司當年度應納營利事業所得稅額五十%為限。但最後年度抵減金額，不在此限。

又如【2.17】介紹的盈虧互抵，公司組織之營利事業，其會計帳冊簿據完備，且虧損及申報扣除年度均經會計師查核簽證，並如期申報者，得將經該管稽徵機關核定之前十年內各期虧損，自本年純益額中扣除後，再行核課所得稅。

以抵稅權發生的時點來看，將於未來減少企業需負擔的經濟義務，依權責發生基礎，即需於經濟事項發生當期予以入帳，而構成企業的「遞延所得稅資產」，另一方面這項資產是源於租稅利益而來，在財務報表上即為「所得稅利益」。

在【2.16】陽明（2609）二○一三年度原為虧損約三三・一億，但因享有三・六億所得稅利益，而使虧損縮減至二十九億。【附表】即為該所得稅利益構成內容，只是這樣的好康，在一個持續虧損的企業，僅能美化報表數字，實際作用聊備一格。

又在【2.16】提醒投資人注意的可抵稅稅額，也可在財務報表附註中關於兩稅合一的說明找到相關訊息，如【附表】下半即為陽明截至二○一三年度的狀況。無奈連年虧損累累，只能期待公司早日由虧轉盈，才能使股東真實獲益。

陽明（2609）認列所得稅利益

(一) 認列於損益之所得稅

所得稅費用（利益）之主要組成項目如下：

	102年度	101年度
當期所得稅		
當期產生者	$114,778	$160,405
遞延所得稅		
當期產生者	(482,997)	(297,018)
認列於損益之所得稅費用（利益）	($368,219)	($136,613)

會計所得與所得稅費用（利益）之調節如下：

	102年度	101年度
稅前淨損	($ 3,314,333)	($ 1,759,315)
按法定稅率計算之所得稅利益	($ 563,437)	($ 299,084)
稅上不可減除之費損	6,930	7,734
免稅所得	(568,629)	(2,190)
未認列虧損扣抵	545,000	(160,000)
境外繳納稅額	114,778	160,405
其　　他	97,139	152,142
認列於損益之所得稅利益	($ 368,219)	($ 136,613)

(六) 兩稅合一相關資訊

	102年12月31日	101年12月31日	101年1月1日
股東可扣抵稅額帳戶餘額	$ 569,080	$ 548,678	$ 526,547

依所得稅法規定，本公司分配屬於87年度(含)以後之盈餘時，本國股東可按股利分配日之稅額扣抵比率計算可獲配之股東可扣抵稅額。101年度盈餘分配適用之稅額扣抵比率為20.48%。本公司截至102年底止無可供分配之盈餘，是以股東可扣抵稅額將累積至盈餘分配年度時，再用以計算股東可獲配之稅額扣抵比率。

資料來源：台灣證券交易所

2-19 每股盈餘定義、種類、計算方法

稅後淨利是企業在特定會計期間內為所有股東所賺得的盈餘。若僅就其金額大小進行觀察，而未將為產出這些盈餘所投入的資源一併評比，就無法反映出企業營運的效率。另一方面，若未考量所有參與股東出資多寡，將無法衡量股東投資對企業所產出的獲利報酬。

每股盈餘（Earning per Share，簡稱EPS），正可滿足上述相關資訊的需求。因其係代表在一會計期間內，公司普通股每一股所賺得的盈餘數額。例如：某公司二〇一四年度的稅後淨利為二百萬元，年度間資本無異動，僅有普通股，股本為一百萬元，分為十萬股，每股十元，全額發行。則該公司二〇一四年EPS的計算方式＝稅後淨利／股數，即二百萬／十萬股＝二十元。實務上，若公司有發行特別股，通常其發行條件均訂有固定配息條件，公司營運損益的波動不會影響特別股的權益，故EPS的計算只適用於普通股。

每股盈餘金額採雙重表達方式

每股盈餘的金額，會揭露在公司綜合損益表的最末段，如【1.6】所示。EPS因公司資本結構狀況不同，上市櫃公司會採雙重表達方式，同時列示「基本每股盈餘」與「稀釋每股盈餘」。

基本每股盈餘，基本計算方式為：稅後淨利／加權平均流通在外的普通股股數。公司若有發行特別股，分子部份尚需扣除特別股股利。分母部份，可能因公司有增資發行新股或註銷庫藏股等情事，致年度中流通在外股數有所起伏，故應以期間進行加權調整。

稀釋每股盈餘，則係因公司發行有選擇權、認股權、可轉換特別股、可轉換債務、或得以普通股或現金交易之合約等潛在可轉換為普通股之項目，致增加公司流通在外普通股股數。雖在編製財務報表時相對人尚未要求進行轉換，但其可能於企業實際決議分配盈餘前進行轉換，故計算出最保守狀況之EPS。

每股盈餘的表現方式

稅率淨利排序(單位:新台幣千元)

	1.	2.	3.	4.	5.	6.	7.	8.	9.
	台積電 (2330)	鴻海 (2317)	中華電 (2412)	廣達 (2382)	台灣大 (3045)	聯電 (2303)	遠傳 (4904)	永信建 (5508)	裕民 (2606)
年度	2013	2013	2013	2013	2013	2013	2013	2013	2013
稅前淨利	215,716,550	121,203,716	47,536,702	22,559,829	16,587,653	14,652,485	14,354,293	5,035,516	1,596,312
所得稅費用(利益)	27,569,760	14,506,559	7,821,009	3,941,827	1,004,206	2,022,282	2,583,773	6,129	29,403
稅後淨利	188,146,790	106,697,157	39,715,693	18,618,002	15,583,447	12,630,203	11,770,520	5,029,387	1,566,909

每股盈餘排序

	1.	2.	3.	4.	5.	6.	7.	8.	9.
	永信建 (5508)	鴻海 (2317)	台積電 (2330)	台灣大 (3045)	中華電 (2412)	廣達 (2382)	遠傳 (4904)	裕民 (2606)	聯電 (2303)
年度	2013	2013	2013	2013	2013	2013	2013	2013	2013
稅前淨利	5,035,516	121,203,716	215,716,550	16,587,653	47,536,702	22,559,829	14,354,293	1,596,312	14,652,485
所得稅費用(利益)	6,129	14,506,559	27,569,760	1,004,206	7,821,009	3,941,827	2,583,773	29,403	2,022,282
稅後淨利	5,029,387	106,697,157	188,146,790	15,583,447	39,715,693	18,618,002	11,770,520	1,566,909	12,630,203
基本每股盈餘(單位：元)	11.20	8.16	7.26	5.79	5.12	4.84	3.61	1.83	1.01
稀釋每股盈餘（單位：元）	11.20	7.99	7.26	5.78	5.11	4.78	3.61	1.82	0.95

1.台灣證券交易所關於EPS之基本說明

http://www.twse.com.tw/ch/listed/IFRS/doc/usedownload/%7BF47070B5-2640-6C06-C9B0-8981B7EE2396%7D.pdf

2.永信建(5508)2013年度財務報表之揭露

單位：每股元

	102 年度	101 年度
基本每股盈餘	$ 11.20	$ 12.01
稀釋每股盈餘	$ 11.20	$ 12.01

用以計算每股盈餘之盈餘及普通股加權平均股數如下：

本年度淨利

	102 年度	101 年度
本年度淨利	$2,029,387	$2,176,739

股　數

單位：千股

	102 年度	101 年度
用以計算基本每股盈餘之普通股加權平均股數	181,190	181,190
具稀釋作用潛在普通股之影響		
員工分紅	13	43
用以計算稀釋每股盈餘之普通股加權平均股數	181,203	181,233

若本公司得選擇以股票或現金發放員工分紅，則計算稀釋每股盈餘時，假設員工分紅將採發放股票方式，並於該潛在普通股具有稀釋作用時計入加權平均流通在外股數，以計算稀釋每股盈餘。於次年度股東會決議員工分紅發放股數前計算稀釋每股盈餘時，亦繼續考量該等潛在普通股之稀釋作用。

資料來源：作者整理、台灣證券交易所

2-20 EPS提升就有股利可分？

每股盈餘（Earning per share, EPS），是每一家「股份有限公司」組織，均會在綜合損益表中會揭露的基本項目。EPS所象徵的意義，誠如其名稱所示，即企業在特定期間的盈虧，平均分攤至已發行的每一股份的金額。

換句話說，即以每一股份為計算基礎，將企業特定期間營運結果，其可能為虧損亦或是盈餘，按出資單位所計算出的平均盈虧數。

它，不適合過度想像，也千萬別斷章取義。沒錯！是公司賺了錢，但這並不一定等於出資股東能獲配的股利。

每股盈餘對投資者是重要的參考指標

EPS每股盈餘，一直是財經新聞對於企業極為關注的訊息。不論是已發布的季報、半年報、年報甚或是未來期間的財務預測，EPS（每股盈餘）始終是大家關注的焦點。

EPS較去年同期增加，是利多；EPS較上期增加，也是利多；EPS由負數轉為正值，更是大利多。因為EPS（每股盈餘）確實是企業營運績效的整體性表現。EPS每股盈餘節節高升，意即這一企業對於整體資源組合的運用結果是有獲利的，以管理學的角度或者財務分析的觀點，都表示企業在產品開發、行銷通路或組織管理等面向，有優異的表現。

但對於投資者而言，EPS（每股盈餘）的利多，是一個值得參考的指標。短線操作的投資者，可以在利多消息釋出發酵時，儘速賺取股價利差。但對於希望參與公司配股配息的中長期投資者而言，EPS的金額僅供參考，不保證任何事。以京城建設（2524）為例，其二〇一二年EPS為三・八元，二〇一三年EPS為四・一六元，但均未配發任何股息，股東的期待只能在等待中繼續想像。

無論如何，投資人應事前搜集擬投資標的的財務資訊，先行認識被投資公司獲利狀況與股利政策，目前股東權益結構狀況，是否有累積盈餘或者是高額資本公積，再依自己的投資目的與偏好，選擇投資標的。此外，別忘了，還要時時關心它！

搜尋各股基本資料

上市（櫃）公司網路資料查找速解

1. 各年度EPS：YAHOO!奇摩入口網／服務列表，點選「股市」（https://tw.stock.yahoo.com/）／輸入股票代號或名稱／個股資料，點選「基本」／即可於取得查詢標的最近四年每股盈餘統計資料。

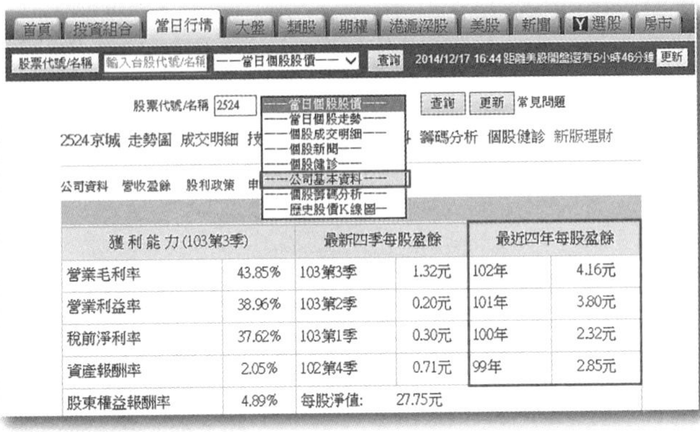

首頁 投資組合 當日行情 大盤 類股 期權 港滬深股 美股 新聞 Y選股 房市

股票代號/名稱 輸入台股代號/名稱 ---當日個股股價--- 查詢 2014/12/17 16:44 距離美股開盤還有5小時46分鐘 更新

股票代號/名稱 2524 ---當日個股股價--- 查詢 更新 常見問題

---當日個股股價--- / ---當日個股走勢--- / ---個股成交明細--- / ---個股新聞--- / ---個股健診--- / ---公司基本資料--- / ---個股籌碼分析--- / ---歷史股價K線圖---

2524京城 走勢圖 成交明細 技 籌碼分析 個股健診 新版理財

公司資料 營收盈餘 股利政策 申

獲利能力(103第3季)		最新四季每股盈餘		最近四年每股盈餘	
營業毛利率	43.85%	103第3季	1.32元	102年	4.16元
營業利益率	38.96%	103第2季	0.20元	101年	3.80元
稅前淨利率	37.62%	103第1季	0.30元	100年	2.32元
資產報酬率	2.05%	102第4季	0.71元	99年	2.85元
股東權益報酬率	4.89%	每股淨值:	27.75元		

2. 各年度股利發放狀況：依上述操作，再於畫面中點選「股利政策」，即可取最近十年度股利發放狀況統計資料。

公司資料 營收盈餘 股利政策 申報轉讓

股利政策 單位：元

年度	現金股利	盈餘配股	公積配股	股票股利	合計
102	0.00	0.00	0.00	0.00	0.00
101	0.00	0.00	0.00	0.00	0.00
100	0.50	0.50	0.00	0.50	1.00

利多：每股盈餘大幅彈升，我該這樣思考！

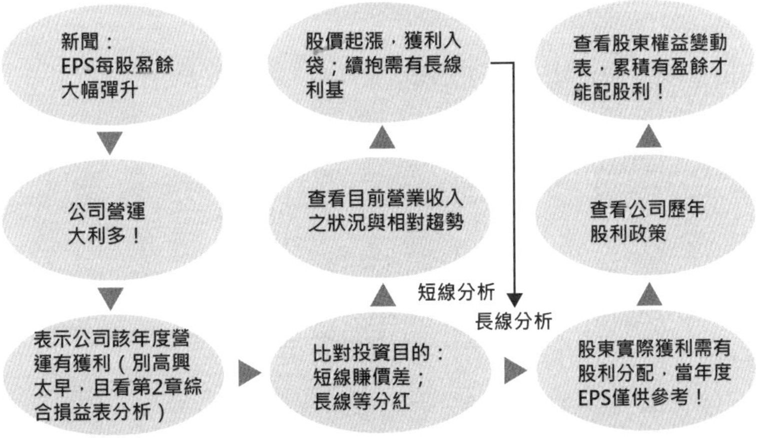
新聞：EPS每股盈餘大幅彈升
公司營運大利多！
表示公司該年度營運有獲利（別高興太早，且看第2章綜合損益表分析）
比對投資目的：短線賺價差；長線等分紅
短線分析
查看目前營業收入之狀況與相對趨勢
股價起漲，獲利入袋；續抱需有長線利基
長線分析
股東實際獲利需有股利分配，當年度EPS僅供參考！
查看公司歷年股利政策
查看股東權益變動表，累積有盈餘才能配股利！

資料來源：YAHOO股市、作者整理

2-21 本益比又該怎麼看

有了以上關於EPS（每股盈餘）的認識後，另一個運用EPS來觀察股價，且經常被各分析師、財經媒體使用的指標工具，就是本益比。常用的簡稱有PE Ratio或P/E Ratio。P代表的是Price價格，指的是每股的股價，就是「本」，投資人投入的本金。E代表的是EPS，指的是每股盈餘，就是「益」，投資人相對取得的利益。公式化的表達即為，「本益比=每股股價÷每股稅後盈餘」。在實務上，為了資料取得與運用的方便及時效考量，在計算本益比時，每股稅後盈餘的計算，會使用該公司最近四季稅後純益÷發行股數。

本益比，在計算邏輯上，是以投資人為獲取相對報酬的「價值」與所付出的「價格」所計算出的倍數關係。基於理性考量，能撿到便宜的好貨，最為理想，因此本益比愈低愈好。但套用經濟學簡單供需法則進行觀察，價格由市場供（賣）、需（買）雙方決定，相對便宜的標的，很快會吸引到更多的買方競逐，賣方即可好整以暇待價而沽。可猜測，經過一段供需攻防後，最後市場上本益比將趨於一致？否，這不是目前證券投資市場的常態。

以產業別觀察本益比高低

延續本章使用的觀察標的，計算出各家公司的本益比彙列於【附圖】上方，其中營建業的本益比一直相對較低，如同超市裡櫻桃比芭樂單價高，只反映出數字大小，同質性標的間的比較，將較具參考意義。

再者，媒體上常出現：某公司目前本益比僅X，股價很便宜。投資人需認清構成本益比的分子與分母二者時間是不同的，分子「股價」是現在或未來，但「分母」每股盈餘是過去資訊。過去輝煌績效，不一定能持續到未來；歷史慘烈紀錄，也不代表無翻身機會。通常本益比幾倍為合理並無一定標準，投資人應比較整體市況及個別產業之本益比，不過在相同的情況下，當然選擇本益比較低者。且為了賺取價差，本益比在股價持續上揚的多頭市場，較具指標意義。

另外，當企業過去每股盈餘為0或負數時，是無法計算出本益比的。

本益比的觀察

	1. 永信建 (5508)	2. 鴻海 (2317)	3. 台積電 (2330)	4. 台灣大 (3045)	5. 中華電 (2412)	6. 廣達 (2382)	7. 遠傳 (4904)	8. 裕民 (2606)	9. 聯電 (2303)
產業別	營建業	電子業	電子業	電信業	電信業	電子業	電信業	航運業	電子業
年度	2013	2013	2013	2013	2013	2013	2013	2013	2013
稅後淨利(單位:仟元)	5,029,387	106,697,157	188,146,790	15,583,447	39,715,693	18,618,002	11,770,520	1,566,909	12,630,203
基本每股盈餘(單位：元)	11.20	8.16	7.26	5.79	5.12	4.84	3.61	1.83	1.01
2014年3月底收盤價	75.50	86.30	117.50	95.00	93.40	85.90	64.60	51.00	13.05
本益比	7	11	16	16	18	18	18	28	13

註:財務報表最後公告時限為次年3月底前，以該日假設盈餘狀況已為投資人獲悉。

個股日本益比、殖利率及股價淨值比

103年12月17日 個股日本益比、殖利率及股價淨值比 (依證券代碼排序查詢)

證券代號	證券名稱	本益比	殖利率(%)	股價淨值比
1101	台泥	14.38	5.54	1.38
1102	亞泥	13.40	5.43	0.93
1103	嘉泥	7.55	7.19	0.52
1104	環泥	11.23	4.30	1.05
1108	幸福	13.01	4.43	0.91
1109	信大	14.89	8.96	0.96
1110	東泥	74.09	1.23	1.05
1201	味全	30.73	2.38	1.52

台灣證券交易所提供

個股本益比

排名	股票代號	股票名稱	收盤價(元)	每股盈餘(元)	本益比
1	5304	鼎創達	3.46	1.56	2.22
2	3268	海德威	25.55	9.81	2.60
3	4113	聯上實業	21.15	7.94	2.66
4	5514	三豐建設	19.40	7.15	2.71
5	3266	昇陽建設	19.30	6.45	2.99
6	6186	新潤興業	27.70	8.09	3.42
7	5466	泰林科技	23.30	6.47	3.60
8	3126	信億科技	14.60	3.81	3.83
9	5345	天揚	8.62	2.09	4.12

資料來源：作者整理、台灣證券交易所

2-22 公司賺錢不代表會進行盈餘分配

財經新聞常見到，某一家公司今年轉虧為盈的利多消息，一般通常認定公司是否有賺錢？判斷標準是依據綜合損益表當期的盈虧。綜合損益表如【1.6】所示，最終之本期綜合損益總額，係由「本期淨利（或淨損）」與「本期其他綜合損益」所構成。但僅有本期淨利會直接轉入保留盈餘，且與股東可獲分配盈餘攸關。非涉入企業營運的外部股東，可逕以本期淨利作為決策參考依據。

公司營利發放股利最有感

當期綜合損益表的本期淨利為正數，即表示該期間企業營運結果有獲利，同時股東也會看到報表中計算出的每股盈餘（EPS）。對於未實際參與公司經營的股東，看到EPS心中不免出現美麗的想像與期待，那就是公司將這EPS實際發放股利，讓股東同享這分榮耀，也是廣大股民每年除了股東會紀念品外，最有感的實質回饋。

當年度有盈餘也不一定分派

當年度有盈餘，分配否？需由二面向探討。

其一為法令限制。公司法第二三二條訂有公司無盈餘或公司非彌補虧損及依法提出法定盈餘公積後，不得分派股息及紅利。

換言之，今年無盈餘當然無法分派；就算今年有盈餘，則需先將歷年所有虧損彌補完畢後，依法提列法定盈餘公積，方能開會決議是否分派盈餘。

另一則繫於企業本身主觀考量。公司目前有錢分派股利嗎？公司未來投資計畫是否也有資金需求？二者競合時，該借錢來發股利嗎？亦或是改為配股？但若配股，將造成股本膨脹，公司是否能繼續維持或提升獲利績效，以避免未來EPS稀釋，反而使股價一落千丈？股東反受其害。這些都需公司層峰做整體通盤考量，訂定中長期股利政策。

無論最終結果為何，若是因為公司缺乏足夠資金以發放股利，將是投資的重大警訊。

企業獲利是否發放股利的考量

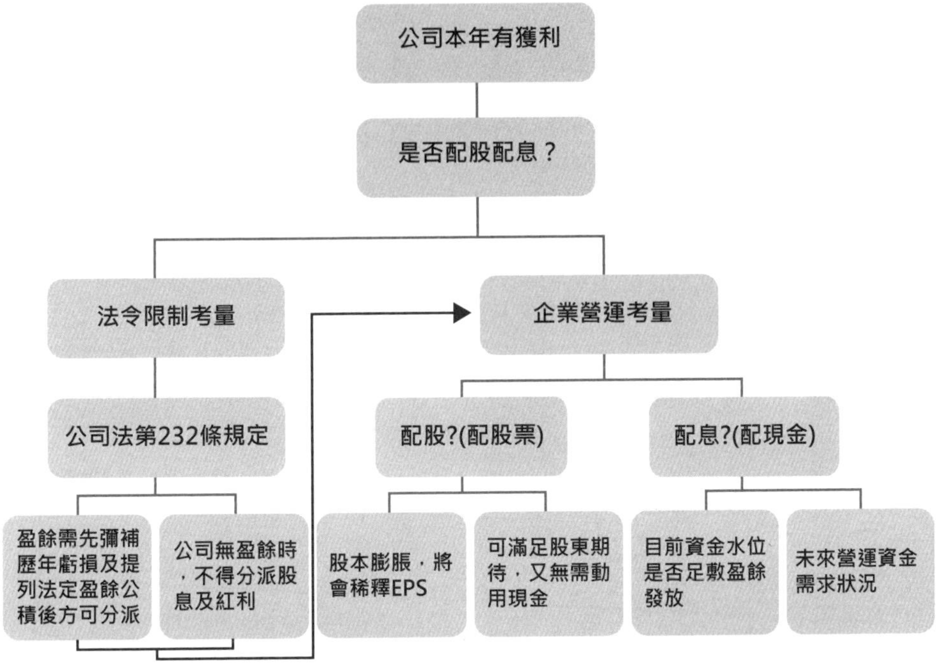

資料來源：作者整理

2-23 公司以本作息 身陷其中而不自知

一則荒謬的真實社會新聞，故事大概是這樣：一位僅有小學畢業、身材矮胖、長相平庸的中年男子，冒充富商藉由贈送BMW或凌志等名車，深深擄獲女子芳心，並藉由規劃長久人生共同大計，邀請共同出錢投資。待得手錢財後，即消失無蹤，多名女子除遭詐騙錢財外，最後發現自己尚需背負汽車的貸款！

這則故事的男主角，深知人心與人性，並且充分發揮了能「捨」才有「得」道理。這個情境，也影射出股票投資活動！

許多公司的經營者，深諳市場上許多具有深口袋的投資人，對於有發放「股利」的公司情有獨鍾迷戀不已。許多保守型的投資人，每每以股票殖利率（＝股利／股價）作為投資標的的抉選依據，更常以「定存」概念來看待這些股票。以為買了這些股票，就能作為終身依靠，等同拿到了長期飯票，自此高枕無憂。

進一步詳細瞭解企業實際營運狀況，許多企業在宣佈配息的歡慶行情後，除息後的股價只是一盤散沙欲振乏力。

原來羊毛出在羊身上，股利只不過是自己投入本金的返還。缺乏企業堅實的營運績效作後盾，股價就像洩了氣的汽球，從七彩繽紛縮回原型後，只能期待這汽球沒有破，或許等一天又有魔術師能讓榮景重現，投資人就該逃命去了。

瞭解企業實力需有營運績效做後盾

會計是社會科學，證券市場是充斥著資訊不對稱的賽局。換言之，人為刻意的操作與控制在所難免。

深謀遠慮的企業經營者，以發放「股利」塑造企業形象博取投資人的青睞，投資人若未

財務資訊與投資決策

財務資訊與投資決策

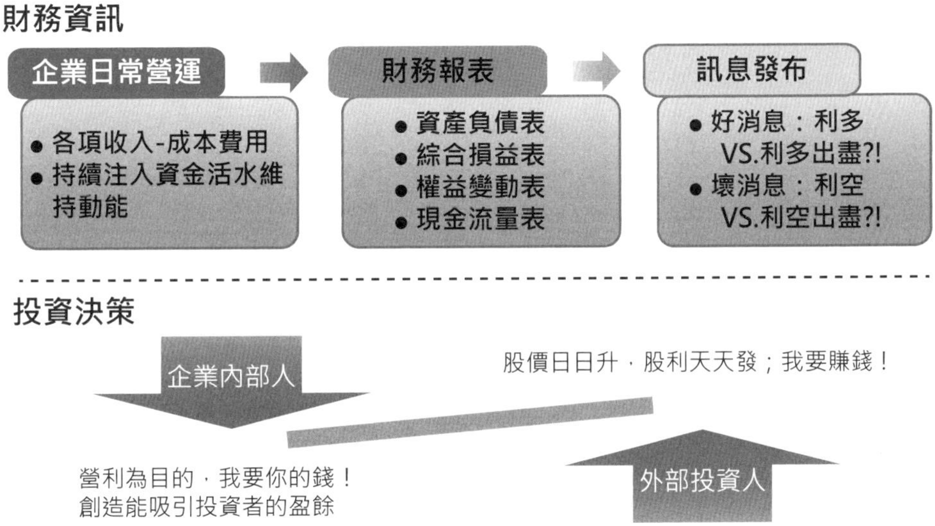

資料來源：作者整理

2-24 誰才是真正的定存概念股

投資股票，可透過尋覓適當標的，積極操作獲取價差。但事實上，不是所有被投資公司都可適用。有一類型的企業其股票價格很「牛皮」，韌性十足但彈性缺乏，因此股性不活潑，股價無明顯蹬跳波動抑揚頓挫；想靠價差獲利，只能見縫插針。但短期內頻繁買賣，需負擔的手續費與證券交易稅，是不能忽視的交易成本。

定存概念股需能長期穩定獲利

定存概念股即屬之，除了股價相對穩定外，其尚具備公司長期有穩定獲利，且每年度配股配息狀況穩定。由於企業配股配息後，股價即會進行除權除息，這時被投資公司具備營運獲利穩定狀況，才能在配股配息後，讓股價會順利填權填息，真正實踐獲利回饋股東。否則，若公司股價一遇除權息，即上演「回不去了」的戲碼，那名義上配股配息，實質上卻只是投資成本返還，投資人到頭來白忙一場，還可能需多負擔2%健保補充保費。

定存概念股，既然以定存為名，則除了上述股價穩定、獲利穩定、配息穩定，三要件同時具足外，尚需股價殖利率能與金融機構一年期（或以上）之定期存款利率相匹敵。

又因為股票投資一定有風險，企業獲利高低起伏在所難免，為平衡可能損失風險，溢酬當然需反映在股價殖利率之上。

若股價殖利率僅與金融機構定存利息差距不大，投資人不妨還是讓資金安忍在定期存款吧。因為獲配股息股利是應課稅所得，而取得金融機構給付的利息，個人每年一申報戶可享有新台幣二十七萬元儲蓄投資特別扣除額的免稅利益。

定存概念股的比較

勝

永信建(5508)	
(1) 2012.1.2買入1股(採當日最高價)	$28.35
(2) 2011年盈餘分配-2012.9.17永信建除息	$1.66
(3) 2012年盈餘分配-2013.7.11永信建除息	$10.77
(4) 2013年盈餘分配-2014.7.28永信建除息	$10.08
(5) 三年取得總股息【=(2)+(3)+(4)】	$22.51
(6) 殖利率【=(5)/(1)】	79.40%
(7) 2014.11.28當日最低成交價	$62.40
(8) 資產增值(減損)【=(7)-(1)】	$34.05
(9) 三年實質所得 【=(5)+(8)】	$56.56
(10) 三年總報酬率 【=(9)/(1)】	199.51%

中華電(2412)	
(1) 2012.1.2買入1股(採當日最高價)	$100.00
(2) 2011年盈餘分配-2012.7.17中華電除息	$5.46
(3) 2012年盈餘分配-2013.7.17中華電除息	$5.35
(4) 2013年盈餘分配-2014.7.17中華電除息	$4.53
(5) 三年取得總股息【=(2)+(3)+(4)】	$15.34
(6) 殖利率【=(5)/(1)】	15.34%
(7) 2014.11.28當日最低成交價	$92.60
(8) 資產增值(減損)【=(7)-(1)】	($7.40)
(9) 三年實質所得 【=(5)+(8)】	$7.94
(10) 三年總報酬率 【=(9)/(1)】	7.94%

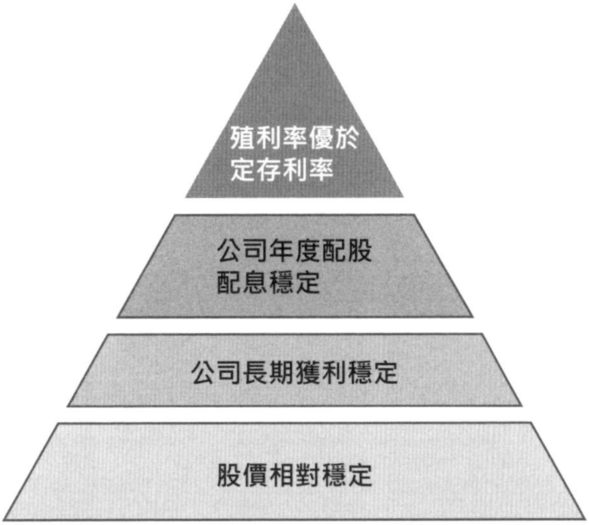

資料來源：作者整理

第3章

你投資的企業經營穩健嗎？

資產負債表的顯微功能

要判斷一家企業是穩健經營或是投機取巧，資產負債表是最佳的管道，企業是否將惹上流動風險的麻煩；一堆莫名奇妙的投資是不是將捅出馬蜂窩；高額的應收票據與應收帳款又代表了什麼？本章教你在資產負債表中挑出骨頭！

3-1 資產負債、權益的平衡關係

在【1.5】中我們一起看了台積電（2330）公司的資產負債表。資產負債表大致的格式如【附圖】所示，表首的特定日期，又稱為「資產負債表日」。報表即在呈現該日期企業「資產」、「負債」、「權益」的存量，依法令規定報表，除新成立的企業外，應採前後二期對照方式編製，因此每一項目同時顯示前後二期金額；同時再以總資產數額為基數，列示各項金額占總資產的百分比。如同每個人高矮胖瘦，以共同比呈現的結構關係是我們可以建立對企業財務狀況的第一觀察。

三者關係建立的恆等式

在資產負債表日，企業的財務狀況，統攝於三大項目，即「資產」、「負債」、「權益」。

「資產」表示在已該時點可支配的資產資源，為取得這些資產的外部資金來源為負債，內部資金來源則為股東的權益，此等關係建構出一個恒等式：「資產＝負債＋權益」。這一關係隱喻著，企業過去的資金來源（負債＋權益）及運用（資產），形成目前的財務狀況，未來需運用現有資產償付各項到期負債。

在資產負債表的編排順序，資產類是按變現或耗用速度，負債類則是依到期償還日之久暫。在一年或一營業週期內到期者，歸屬於「流動資產」與「流動負債」；長於一年時，則為「長期資產」與「長期負債」，經由這樣的分類，面對資產負債表，我們即刻應就流動資產與流動負債的金額進行比較。

一旦流動負債大於流動資產，即表示企業面臨短期資金缺口，流動負債的構成內容，除銀行融資外，雖多半是供應商貨款或待付的營業費用，看似有協商的空間，但若企業未能及時償付，引發的信用破產危機，將可能扼殺企業一切生機。

資產負債表

xx公司 資產負債表（年）

（格式一）　　中華民國　年　月　日及　年　月　日　　單位：新臺幣千元

資產		年月日（如：102.12.31）		年月日（如：101.12.31）		負債及權益		年月日（如：102.12.31）		年月日（如：101.12.31）	
代碼	會計項目	金額	%	金額	%	代碼	會計項目	金額	%	金額	%
	流動資產						流動負債				
	現金及約當現金						短期借款				
	透過損益按公允價值衡量之										
	金融資產-流動						應付短期票券				
							透過損益按公允價值衡量之				
	備供出售金融資產—流動						金融負債-流動				
	持有至到期日金融資產—流動						避險之衍生金融負債—流動				
							以成本衡量之金融負債—流				
	避險之衍生金融資產—流動						動				
	以成本衡量之金融資產—流										
	動						應付票據				
	無活絡市場之債務工具投資-										
	流動						應付帳款				
	應收票據						其他應付款				
	應收帳款						本期所得稅負債				
	其他應收款						負債準備-流動				
							與待出售非流動資產直接相				
	本期所得稅資產						關之負債				
	存貨						XXXX				
	生物資產—流動						其他流動負債				
	預付款項										
	待出售非流動資產										
	XXXX										
	其他流動資產						非流動負債				
							透過損益按公允價值衡量之				
							金融負債-非流動				
							避險之衍生金融負債—非流				
	非流動資產						動				
	透過損益按公允價值衡量之						以成本衡量之金融負債—非				
	金融資產-非流動						流動				
	備供出售金融資產—非流動						應付公司債				
	持有至到期日金融資產—非										
	流動						長期借款				
	避險之衍生金融資產—非流										
	動						負債準備-非流動				
	以成本衡量之金融資產—非										
	流動						遞延所得稅負債				
	無活絡市場之債務工具投資										
	—非流動						XXXX				
	採用權益法之投資						其他非流動負債				
	不動產、廠房及設備						負債總計				
	投資性不動產										
	無形資產										
	生物資產—非流動						歸屬於母公司業主之權益				
	遞延所得稅資產						股本				
	XXXX						普通股				
	其他非流動資產						特別股				
							資本公積				
							保留盈餘				
							法定盈餘公積				
							特別盈餘公積				
							未分配盈餘（或待彌補虧損）				
							其他權益				
							庫藏股票				
							非控制權益				
							權益總計				
	資產總計						負債及權益總計				

董事長：　　經理人：　　會計主管：

註一：當發行人追溯適用會計政策或追溯重編財務報表之項目或重分類其財務報表之項目時，需包括最早比較期間之期初財務狀況表，即三期並列。

註二：備抵呆帳應以附註列示明細。註三：會計項目代碼應以一般行業會計項目代碼列示。

資料來源：作者整理

3-2 流動資產小心流動性風險

資產負債表，為企業財務狀況的縮影。以區塊段落式進行俯瞰，資產類分為流動資產與非流動資產。流動資產，通常是指資產負債表日後十二個月內企業意圖將出售、消耗或回收的項目。企業對於「流動」與「非流動」的劃分標準，屬重大會計政策，一般會於財務報表之附註中加以說明，【附圖】上即摘錄台積電（2330）之相關揭露。

流動資產是支應短期負債的最佳來源

資產以金流的角度觀察，其為企業運用過去取得的自有資金（即股東投入）及外部資金（即負債借款）所進行的投資配置。整體組合運用愈有效率，即能創造愈豐碩的獲利。

自有資金無到期日，外部資金則不然，未來一旦屆期需償還時，資產就需變現為償債資金。這時「錢」該從何處來？企業在正常業務持續運行下，不動產廠房及設備等長期性資產，若真拋售求現，一則恐將動搖國本，再者其變現不易，亦緩不濟急。

因此，流動資產正是支應短期負債的最適來源。易言之，流動資產規模一旦不及各項即將到期的流動負債，即表示企業已面臨捉襟見肘的窘境，陷於高度流動性風險之中。

雖然上市櫃公司在全面採行國際會計準則後，均於財務報告中增加揭露相關評估，但文字政策性敘述對於投資決策助益有限，【附圖】提供關於流動性簡要判讀流程，面對存有高度流動性風險的投資標的，理性投資人最好還是保持距離，以測安全。

台積電(2330)2013年財報中相關會計政策說明

(四) 資產與負債區分流動與非流動之標準
流動資產包括為交易目的而持有及預期於1 年內變現或耗用之資產，資產不屬於流動資產者為非流動資產。流動負債包括為交易目的而發生及預期須於未來1年內清償之負債，負債不屬於流動負債者為非流動負債。

流動性簡要判讀流程

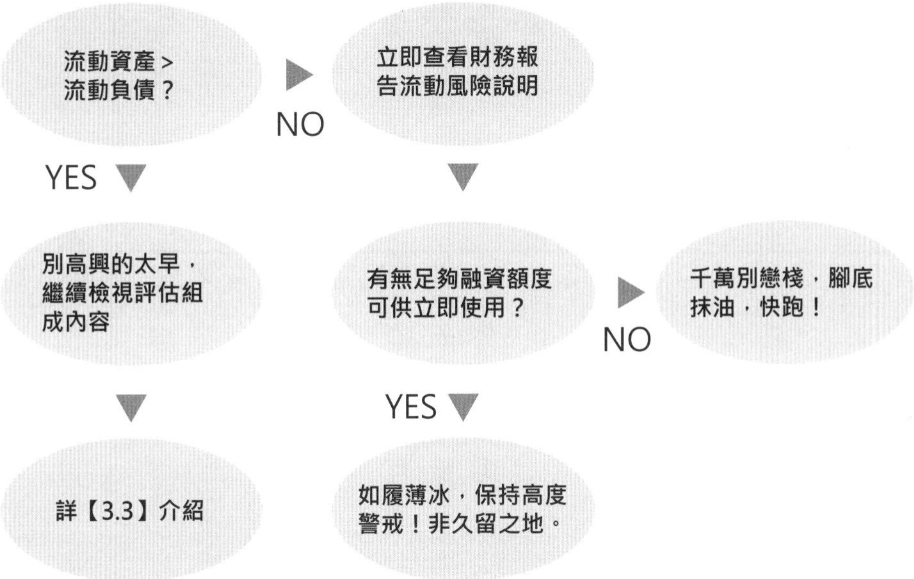
流動資產＞流動負債？
NO
立即查看財務報告流動風險說明
YES
別高興的太早，繼續檢視評估組成內容
有無足夠融資額度可供立即使用？
NO
千萬別戀棧，腳底抹油，快跑！
YES
詳【3.3】介紹
如履薄冰，保持高度警戒！非久留之地。

資料來源：公司財報、作者整理

3-3 流動資產常見組成內容與分析

流動資產，為企業支應日常營運開銷暨短期債務的主要資金來源。其「變現」能力不僅速度要快，而且效率更要高。換言之，呈現在報表中的每一元資產，最好能創造出大於一元的現金流入。

例如，以「成本」表達的商品存貨，經由銷售流程，不僅應能回收原始採購成本，更需為企業帶來獲利，其變現後流入的資金，即是商品成本加計利潤。又商場上慣行信用交易，商品售出後次月結算請款或再以遠期支票付款。在資金尚未完整流入企業之前，這類應收債權幾乎可視為企業對交易客戶的無息融資，不僅未有利息收益，甚且需承擔呆帳風險。反觀，若庫存成了不動產，企業不僅原始投入資金動彈不得外，尚需耗費倉儲保管成本，況且商場瞬息萬變，商品一旦滯銷，血本無歸也非不可能。

流動資產需有即時變現的能力

以保守角度觀察，流動資產帳面金額，尚且不一定能立即換入等額現金，又若流動資產金額規模不及流動負債，則企業恐已籠罩在財務危機之中。投資人自應慎選投資標的，無需涉入險境。

常見的流動資產，有下列項目。

- 現金與約當現金。
- 短期性投資又常細分為透過損益按公允價值衡量之金融資產－流動、備供出售金融資產－流動、避險之衍生金融資產－流動、以成本衡量之金融資產－流動、無活絡市場之債務工具投資－流動。
- 應收票據。
- 應收帳款。
- 其他應收帳款。
- 本期所得稅資產。
- 存貨。
- 預付款項。
- 其他流動資產。

各項目的內容與會計處理，巨細精深實非一語可以道盡。但企業於財務報告附註中重大會計政策彙總說明，則有助於投資人一窺堂奧。【附圖】彙列流動資產重大項目觀察重點與分析脈絡，讓投資人把握決策關鍵。

如何觀察流動資產

個別項目管理效率分析：

現金與約當現金 →	整體配置是否合理 →	現金流量表分析 →	延伸閱讀3.4
短期性投資 →	投資目的是否合理 →	風險與報酬是否相當？曝險狀況是否合理 →	延伸閱讀3.5
應收票據、應收帳款、其他應收款 →	與營業規模是否相當 →	週轉率分析、評估呆帳可能性、關係人交易 →	延伸閱讀3.6
存貨 →	依營業週期是否合理 →	週轉率分析、評估存貨滯銷跌價可能性、關係人交易 →	延伸閱讀3.7

整體風險分析：

流動比率分析　速動比率分析　現金比率分析　營運現金流動比率分析

資料來源：作者整理

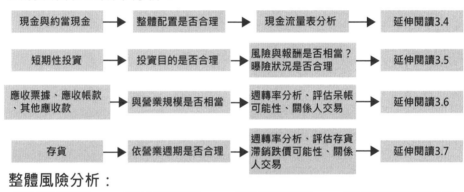

3-4 令人關愛與暇想的現金與約當現金

流動資產第一項目，首推「現金與約當現金」。現金係指庫存現金與活期存款。約當現金則為可隨時轉換成定額現金且價值變動風險甚小之短期並具高度流動性之定期存款或投資。但不包括已指定用途，或依法律或契約，致使用受有限制者。例如，實務上企業常以定存單作為債務或履約的質押擔保品，致使該筆定期存款的用途深受所擔保事項的影響，無法自由動用，其性質已異於現金與約當現金，自應明確劃分。

現金管控需靠內控制度

在【3.1】流動性風險中提及公司倒閉，即公司帳面上有獲利，卻因一時資金周轉不靈致無法繼續經營。為避免此一情況，並不意謂著企業需隨時儲備大量資金以供不時之需。因為持有現金與約當現金能產生的收益極其微小，有違營利事業創造股東財富極大化終極目的。

況且商場上除非信用堪虞，否則營運週期中企業進行信用交易以債養債至為平常。縱使偶有資金缺口，正常企業亦可藉由與金融機構間往來建立的融資額度，及時撥補因應。

現金水位大幅升高？欲蓋彌彰！

現金與約當現金，雖為財務風險的重大防線。但人非聖賢貪欲難免，資金管控若缺乏堅實有效的內部控制制度，極易引發掏空挪用，又為掩飾不法，在過去經驗中，許多地雷股在引爆之前，財務報表的現金水位大幅升高，反是欲蓋彌彰之姿。

對於現金的分析，首先應從企業本身相關會計政策著手，接著查看現金與約當現金的內容，再透過現金流量表的內容來瞭解這股錢潮的流動狀況。

現金與約當現金分析

中華電(2412)關於約當現金之會計政策說明

(五)約當現金
約當現金包括自取得日起3個月內、高度流動性、可隨時轉換成定額現金且價值變動風險甚小之國庫券、商業本票、定期存款及可轉讓定存單，係用於滿足短期現金承諾。

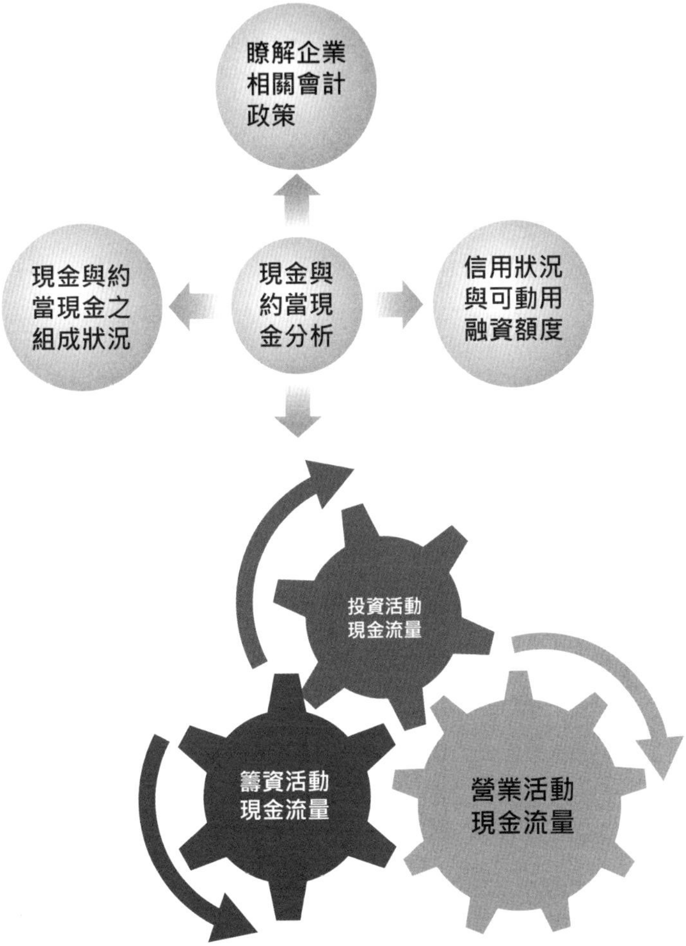

資料來源：作者整理

3-5 看不懂的短期性投資都是風險

流動資產可再概分為二大類，一類為「營運性資產」，其為企業經營本業過程中必須使用的資產，或無可避免會產生的項目。例如，存貨、應收款項等屬之。透過整體「營運性資產」調度使用，為企業帶來獲利。另一類為「金融性資產」，其不一定為營業所必要，但為管理當局衡酌營運狀況後主觀上想要。例如，將短期性充沛資金投資於公司債、金融債券、股票或衍生性金融商品，這類短期性資金操作即屬之。

隨著國際金融工具蓬勃發展與財務工程日新月益，利率、匯率、股價、指數等傳統金融商品所衍生之交易契約，創造出各式的遠期契約、期貨、交換契約、選擇權契約等衍生性金融商品。持有此類金融性資產的目的，有些是基於賺取價差或利息，有些則是為了平抑風險規避損失。【附圖】彙列了短期性投資在財務報表中的表達分類與評價模式。

小心投資項目超過可理解範圍

各項投資除因投資標的本身無活絡公開市場致使報價取得不易外，多數採貼近市價之公允價值進行衡量評價，意即任何常態或異常性的市價波動，都將會影響企業所表達的資產價值。

這些股市波動，對於長期性投資人決策考量，並不一定有助益，有時反成為干擾的雜訊。無論如何，投資人在抉擇投資標的時，都應參閱被投資公司財務報告相關揭露，仔細看看股東投資的資金，被轉投資到哪些項目。

穩健型的債券投資，可為企業引入較「約當現金」更佳的報酬收益，但過多積極的金融操作，可能形成反效果，造成公司財務狀況起伏震盪。當被投資公司轉投資的金融商品，琳琅滿目錯綜複雜，已超越投資人可理解的範疇，千萬要小心，看不懂的，都是風險！

短期性投資評價模式

會計項目	意義及內容	評價模式
一、透過損益按公允價值衡量之金融資產	（一）持有供交易之金融資產 1.取得之主要目的為短期內出售。 2.於原始認列時即屬合併管理之可辨認金融工具組合之一部分，且有證據顯示近期該組合為短期獲利之操作模式。 3.除財務保證合約或被指定且為有效避險工具外之衍生金融資產。 （二）除依避險會計指定為被避險項目外，原始認列時被指定為透過損益按公允價值衡量之金融資產。	按公允價值衡量。
二、備供出售金融資產	（一）非衍生金融資產且被指定為備供出售。 （二）非衍生金融資產且非屬下列金融資產： 1.透過損益按公允價值衡量之金融資產。 2.持有至到期日金融資產。 3.以成本衡量之金融資產。 4.無活絡市場之債務工具投資。 5.應收款。	按公允價值衡量
三、避險之衍生金融資產	依避險會計指定且為有效避險工具之衍生金融資產。	按公允價值衡量。
四、持有至到期日金融資產	指持有至到期日之金融資產，在一年內到期之部分。	以攤銷後成本衡量。
五、以成本衡量之金融資產	指同時符合下列條件者： （一）持有無活絡市場公開報價之權益工具投資，或與此種無活絡市場公開報價權益工具連結且須以交付該等權益工具交割之衍生工具。 （二）公允價值無法可靠衡量。	以成本衡量之
六、無活絡市場之債務工具投資	無活絡市場公開報價，且具固定或可決定收取金額之債務工具投資，且同時符合下列條件者： 1.未分類為透過損益按公允價值衡量。 2.未指定為備供出售。 3.未因信用惡化以外之因素，致持有人可能無法回收幾乎所有之原始投資。	以攤銷後成本衡量。

資料來源：作者整理

3-6 小心高額的應收票據與應收帳款

應收票據，係指公司因主要營業活動取得的未到期票據；而貨款在尚未取得客戶以票據充抵付款前，則歸類為應收帳款，二者合稱為應收款項。應收款項何時可轉變為現金，取決於下列因素：

1.交易信用條件。即交易雙方達成的交易條件，例如：中華電信公司計費係以循環週期式向用戶收款，當月份之通信費，由用戶於次月二十五日前繳費。用戶開始使用電信服務至接獲中華電信公司通知繳費期限前，就是中華電信公司給予的信用條件。

信用條件愈寬鬆，應收款項變現速率愈緩慢；但寬鬆的交易條件，有激勵買氣的效果。交易條件如何拿捏至為巧妙，且需搭配事前徵信與事後催收，方為一體。

2.交易前之徵信。商務徵信應與金融機構放款處理一般嚴謹。除非交易模式都似便利超商一般，即刻銀貨兩訖，當然可以來者不拒，否則企業只應與有能力付清貨款的對象往來，方為正辦。

積極催收可防發生呆帳

3.交易後之催收。積極的催收有利於防範呆帳的發生，也因為企業本身對應收款項縝密管理政策，亦可避免帳款金額遭到不當挪用。

4.其他。天有不測風雲，客戶任可突發狀況，都可能延宕付款甚或倒帳；或企業本身產品瑕疵或服務品質不佳都會影響客戶付款意願，致使企業本身資金流量受到牽連。

關於投資標的公司之通常交易條件，可於財務報告附註中取得相關說明。徵信與催收等整體管理效率與應收款項品質狀況，則可透過應收帳款週轉率的計算一窺究竟，再進一步計算應收帳款週轉天數並與公司交易條件相互比對，以探虛實。

如何計算應收款項週轉率與週轉天數

實例測算

1.台積電(2330)於2013年度財務報告中揭露之交易條件:

> 本公司對客戶之授信期間原則上為發票日後30 天或月結30 天。

2.應收款項週轉率，台積電(2330)2013年度資料試算：

$$\text{公式}=\frac{\text{營收收入淨額}}{\text{平均應收款項金額}}=\frac{591{,}087{,}600}{[(17{,}929{,}379+52{,}969{,}803)+(15{,}726{,}431+40{,}987{,}444)]\div 2}=9.26(\text{次})$$

➡ 意指一年中產生和收回應收款項的平均次數。

3.應收款項週轉天數，台積電(2330)2013年度資料試算：

$$\text{公式}=\frac{365\text{天}}{\text{應收款項週轉率}}=\frac{365\text{天}}{9.26(\text{次})}\fallingdotseq 39(\text{天})$$

➡ 應收款項週轉一次所需的天數；與公司所揭露的交易條件相當。

資料來源：公司財報、作者整理

3-7 存貨要能變出錢才是好貨

存貨，負有神聖使命。其代表企業融合研發、採購、製造、行銷等智慧，將原物料轉換為「商品」，其為企業獲利的種子，藉以維持企業永續經營的動力。財務會計上對於存貨的定義，係指符合下列任一條件之資產：

1.持有供正常營業過程中出售者。

2.正在製造過程中以供正常營業過程出售者。

3.將於製造過程或勞務提供過程中消耗之原料或物料與耗材。

存貨的備置，是一項投資行為。持有存貨的目的，是為將其再出售，並以乘數效果創造獲利。存貨都是錢變的；但要能變出錢才是好貨！

原物料或商品尚未售出前，列為存貨；一旦售出，存貨即變為銷貨成本，表達於綜合損益表。正常存貨經由銷售過程，要回收二項金額，其一為存貨成本，其二為營業利潤。銷售歷程中成本回收及利潤創造的效率，可由綜合損益表營業毛利的觀察進行評估，即【2.7】所介紹。

存貨需儘快銷售轉為現金

存貨，在達到可供使用或銷售狀態的那一刻起，就時時刻刻伴隨著陳舊、跌價、損壞、滅失等損失風險，無一例外。存貨，永遠需要保持最佳狀況與時間賽跑，以最快的速度完成銷售並變回現金，然後再開啟新一輪的存貨投資，週而復始。

存貨的變現歷程，是二段式。首先進入銷售階段，售出後轉變為應收款項；接著進入請款階段，收現後再轉變為現金回到企業內部，即前節【3.6】所述。存貨完成銷售要耗費多少時間，存貨呆滯風險有多高，可運用【附圖】所列示的存貨週轉率與銷售天數進行觀察，再加上【3.6】應收款項變現天數，就是存貨完整的變現天數。

營業周期與存貨分析

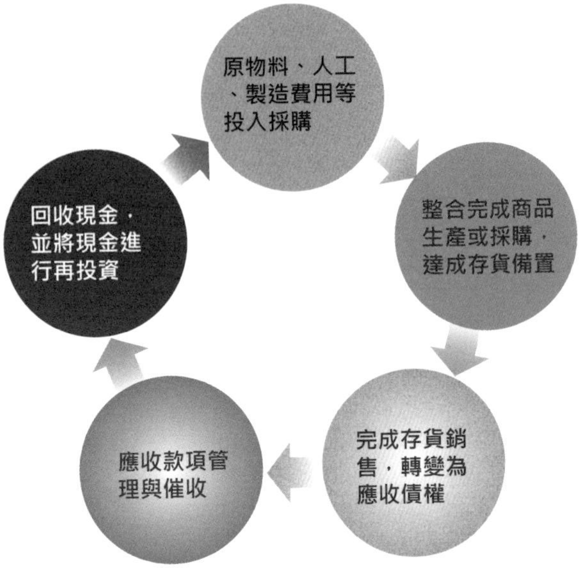

1.平均存貨週轉率，台積電(2330)2013年度資料試算：

$$\text{公式} = \frac{\text{銷貨成本}}{\text{平均存貨}} = \frac{319{,}407{,}163}{(35{,}243{,}061+35{,}269{,}391)\div 2} = 9.06(\text{次})$$

➜ 意指一年中存貨平均週轉次數。

2.存貨週轉天數，台積電(2330)2013年度資料試算：

$$\text{公式} = \frac{365\text{天}}{\text{平均存貨週轉率}} = \frac{365\text{天}}{9.06(\text{次})} \fallingdotseq 40(\text{天})$$

➜ 存貨週轉一次所需的天數。

3.存貨變現天數，台積電(2330)2013年度資料試算：

公式＝應收款項週轉天數＋存貨週轉天數＝39天＋40天＝79天

➜ 存貨完整變現一次所需的天數。

資料來源：公司財報、作者整理

3-8 庫存有效去化是利多

存貨，既然是企業的資產，為何存貨減少，會是利多？因為少了庫存，多了現金；遠離了存貨過時跌價的風險，啟動了資金再投資的開關。

對於計劃性大量投產的製造業而言，庫存有效去化，真是一項好消息。過去政府力推兩兆三星之「影像顯示」產業，正是此一典型。

影像顯示產業即面板產業，其生產設備原始投資金額甚鉅，致使每年度需配合分攤的折舊金額龐大，但透過標準化產品大量產出，可使每單位產品分攤的設備成本相對較低。

在產業景氣蓬勃時，設備折舊金額由大量產出共同分攤，稀釋單位製造成本，獲利自是亮眼吸睛。一旦景氣逆轉，銷量急凍，庫存水位節節高升，即需降低投產以因應市場胃納量，這時因分攤設備折舊的產量減少，單位製造成本瞬間跳升。

暫時拋開會計的損益計算，其實設備投資成本早已發生，每年度的折舊費用，只不過是歷史成本的分攤，因為產能調節，至使每單位產出需分攤的金額變大。帳面上存貨成本變貴了，但市況不佳、流通緩慢、淨變現價值低落，高貴的存貨蒙上跌價損失。惡性循環，使得影像顯示產業被揶揄為面板慘業。

庫存去化可有效減輕成本

庫存有效去化，不僅減輕存貨儲備管理成本，更可為企業注入資金活水。有時去化庫存的銷售單價甚或低於帳列單位成本，致發生毛損現象。這時應以機會成本作為決策立足點，能儘速回收庫存的變動成本，才有助於公司長遠實質利益。因為廠房生產設備投資，早已是過去完成式，為管理上的沈沒成本，勇於斷尾無視障礙才能逆境求生。

另一方面，對於按訂單生產的晶圓代工龍頭台積電（2330），新聞媒體則慣以產能利用率來鋪陳其營運概況。當產能利用率節節攀升，表示客戶端需求訂單湧入，生產完成即可實現收益。完整的產能利用，就是獲利的報喜春燕。

庫存管理的效果

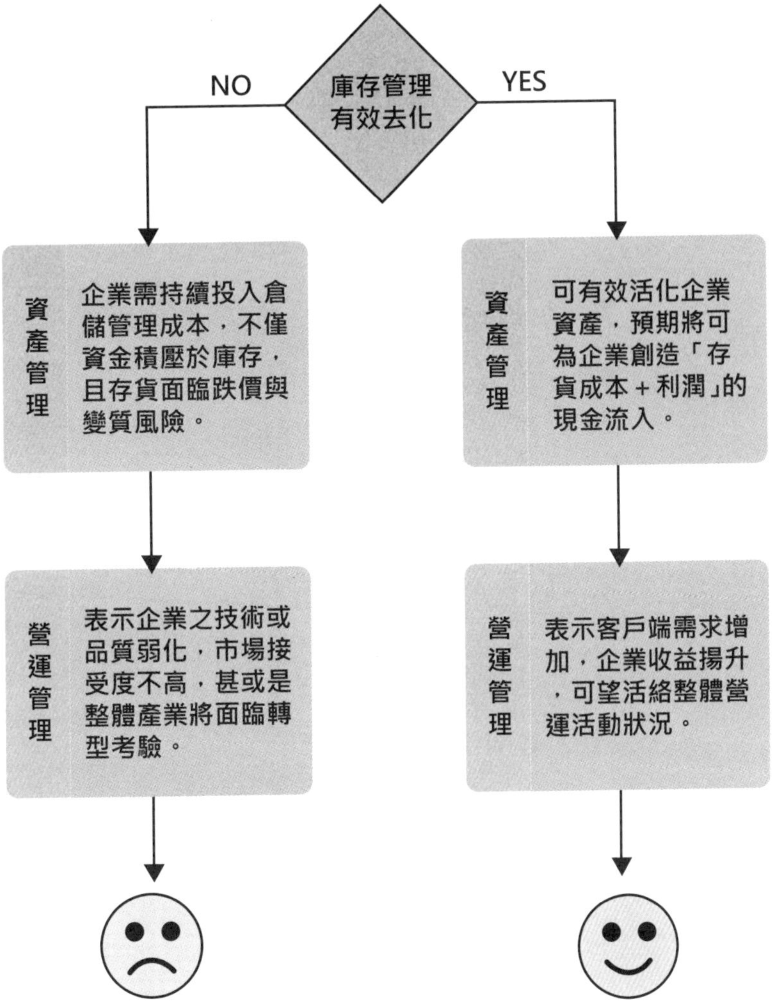
庫存管理有效去化
NO
YES
資產管理
企業需持續投入倉儲管理成本，不僅資金積壓於庫存，且存貨面臨跌價與變質風險。
營運管理
表示企業之技術或品質弱化，市場接受度不高，甚或是整體產業將面臨轉型考驗。
資產管理
可有效活化企業資產，預期將可為企業創造「存貨成本＋利潤」的現金流入。
營運管理
表示客戶端需求增加，企業收益揚升，可望活絡整體營運活動狀況。

資料來源：作者整理

3-9 原料水位、採購成本暨營收關係

在許多總體經濟的研究報告中，常就大宗物資、美元等價格漲跌，針對特定區域經濟影響發表評論，其中油價波動最受關注。我國為原油淨進口國之一，油價大幅回跌，將有助於舒緩國內整體通貨膨脹的壓力，且有利於政府進行能源政策革新。二〇一四年第三季國際油價從高檔滑落，第四季更是擴大跌幅，布蘭特原油每桶價格從一百零一美元一路下挫至七十美元水準，波段跌幅高達三十至四十%，經濟學者就此推論亞股市場最為受惠。這是否代表股市就要起漲，資金該往股市移動？

油價下跌航運類股大進補

大宗物資等原物料價格大跌，的的確確將使相關企業「未來」採購成本降低，但對個別公司是利多？亦或利空？則因每一企業所處議價能力與營運狀況不同，情況自是迥異。

以油價下跌為例，立即可聯想到的受惠者為航運類股，其飛機、輪船主要動力成本，燃油支出將可大幅減少，且終端客戶並無能力就此要求調降票價或運費，其毛利增加幾乎可以百分百確定。油價大跌，確實為航運業帶來大利多。

反觀以石油為原料的塑化類股，則為利空罩頂陷入寒冰風暴。除了需承受沈重的庫存跌價損失壓力外，尚因為原料價格透明，下游廠商預期價格可能繼續下探而減少採購，或者以之作為議價籌碼，要求降價反映國際油價。這時整體產業，可謂腹背受敵、左右為難。個別公司若庫存管理有效率，當然新近採購成本可望受惠，並及時將降低的營業成本回饋於更具競爭力的售價，或可安渡險境。但若倉庫裡尚有滿滿的高價存貨，這時肯定很受傷！

原料價格升降如何看

利多？
原物料價格下跌！
利空？
銷售價格具有僵固性！下游交易對象議價能力低！
現有庫存面臨跌價！下游交易對象具議價能力！

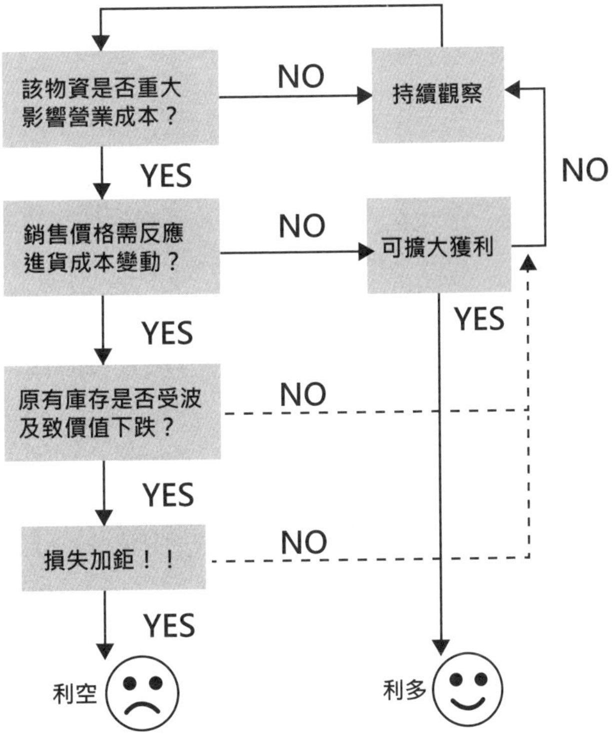
該物資是否重大影響營業成本？
NO
持續觀察
YES
銷售價格需反應進貨成本變動？
NO
可擴大獲利
NO
YES
原有庫存是否受波及致價值下跌？
NO
YES
YES
損失加鉅！！
NO
YES
利空
利多

資料來源：作者整理

3-10 因需要而存在的關係人交易

當企業版圖擴及全球各地，或為行銷策略安排，或為各地法令權宜考量，或為屏障營運風險等各式目的，子子孫孫各世代公司因應而生，或者採合縱連橫轉投資其他企業，交織出脈絡複雜的集團佈局。集團內各關係企業間的運作，即依「輩份倫常」而有主從之別，有人負責發號施令，有人負責盡忠職守聽命行事照單全收。

關係人交易因需要而存在

上市櫃公司的企業版圖，通常都不單純，這無所謂好與壞，只能說有「需要」。但當這被「需要」的動機也不單純時，關係人之間的交易常淪為藏污納垢的黑洞，一旦黑洞被人發現需重現光明時，可已是地雷引爆的關鍵倒數時刻。

黑洞初期，最常附生在財務報表的應收款項與存貨之上，其原因與資產負債表的結構有關，因為應收款項、存貨與現金同屬於資產類，為維持報表的平衡關係，不肖企業為隱匿虧空挪用現金的缺口，即灌水虛增應收款項與存貨。

或者為維持股價，有「創造獲利」的需要，就將存貨高價「移轉」給子公司，存貨就以成本外加規劃利潤之姿，在財務報表上位移至應收款項。通常在貨品尚未正式轉售予外部第三者之前，應收款項等同為母公司報表上裝飾用的不動產，原僅「路過」不料從此駐足。

存貨「移轉」，有些集團採高效率的紙上作業，有些公司卻是老實的進行存貨大搬遷。不論哪一種，買方子公司對於這類天上掉下來的高貴存貨，通常賣得隨性自在，削價求售在所不惜。至於何時付款予母公司，就待實際有收款，手頭寬裕了再說吧。母公司對於這類付款龜速的「奧客」還是樂於繼續出貨，因為有關係，所以沒關係！

關係人交易分析

一、母公司以高價塞貨給子公司

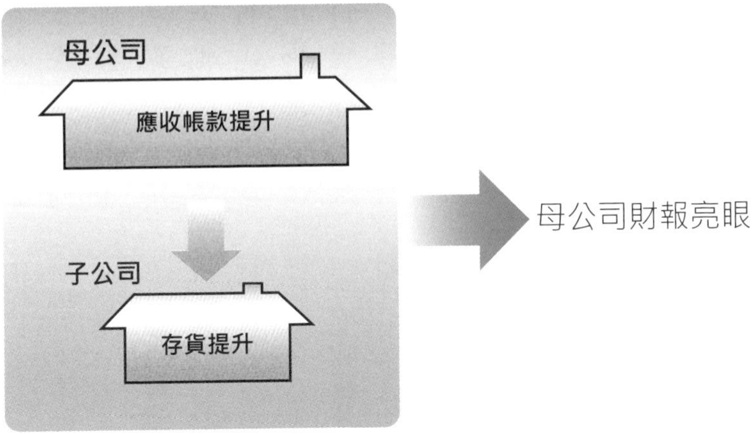

二、子公司無法出售存貨或是折價出售

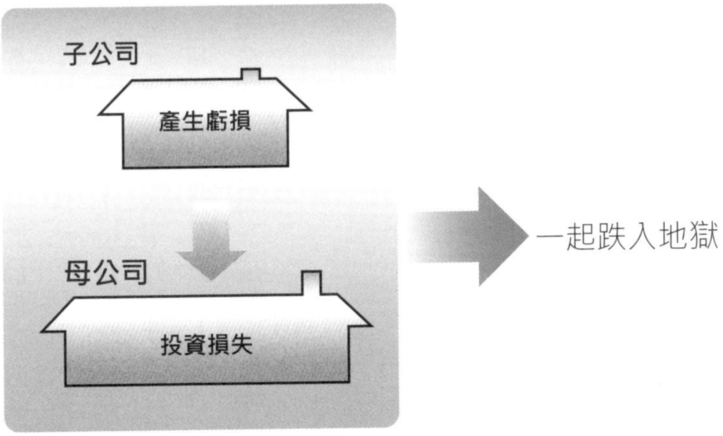

資料來源：作者整理

3-11 非流動資產 注意資金來源

非流動資產，也可概分為金融性資產與營運性資產。金融性資產內容與觀察注意事項，如【3.5】所介紹的各項投資，但列於非流動資產類別，係因其到期日在一年以上，其他非流動資產主要有下列各項：

採用權益法之投資：指投資其他企業之股權，其持股比例達被投資公司股權20%，或對該被投資公司營運與財務決策具有重大影響力，則需按持股比例認列被投資公司權益之增減變動情況。

不動產、廠房及設備：指用於商品或勞務之生產或提供、出租予他人或供管理目的而持有，且預期使用期間超過一個會計年度之有形資產項目。

投資性不動產：指為賺取租金或資本增值或兩者兼具，而由所有者或融資租賃之承租人所持有之不動產。

無形資產：指無實體形式之可辨認非貨幣性資產，並同時符合具有可辨認性、可被企業控制及具有未來經濟效益。

生物資產：指與農業活動有關具生命之動物或植物。

遞延所得稅資產：指與可減除暫時性差異、未使用課稅損失遞轉後期及未使用所得稅抵減遞轉後期有關之未來期間可回收所得稅金額。

以上各大項目，其會計處理國際會計準則均發布有相關規定，彙列於【附圖】。由於非流動資產其週轉耗用均超逾一年，整體分析時應注意其資金來源，亦需為長期性資金。以免各項投資成效尚未顯現或回收，即需償還資金。這時企業若無法順利舉借新債，將被迫中止投資或處分資產。以短期資金用於長期性資產，更為財務管理上之大忌，對於這類型企業，投資人最好還是敬而遠之。

非流動資產會計準則

採用權益法之投資	國際會計準則第28號
不動產、廠房及設備	國際會計準則第16號
投資性不動產	國際會計準則第40號
無形資產	國際會計準則第38號
生物資產	國際會計準則第41號

避免以短期資金供長期資產使用

資料來源：作者整理

3-12 複雜的轉投資 會計原則各自表述

公司間轉投資，是現今企業極為普遍與平常的行為。探究其目的，五花八門都能言之成理，在此就先按下不表。但轉投資的結果對本公司是水漲船高，還是暗藏滅頂危機，在抉擇投資標的時，絕對需要放大檢視。複雜的轉投資，建構出集團帝國版圖，投資人有時就像是誤闖叢林的小白兔，稍一閃神就會身陷泥沼。這座迷霧森林的地圖，其實就散落在財務報表裡，等待著有心人發掘。

轉投資的認列

【附圖】彙整企業轉投資其他公司，在財務報表上的呈現的理路軌跡，暨面對市價波動之處理差異。分為下列各類：

1.採權益法之投資。企業持有其他公司股權，並對被投資公司營運、投資、理財等決策具有重大影響力時，即適用權益法；持股比例達被投資公司股權百分之二十，通常即認具有此等影響力。

這時投資損益的是根據持股比例認列被投資公司淨值變動狀況。縱使被投資公司為上市櫃公司，股票具有公開交易價格，但股價的波動均不計入企業損益，僅於財務報告附註揭露期末相關公允價值。

2.交易目的持有之投資。企業購置其他公司股權之目的，是為了短期內出售。既然買股票就是為了賣，因此這項投資就以公允價值進行衡量，其市價波動造成價值起伏，縱使尚未出售，仍應將帳面價值與報導日市價波動產生之差額認列於綜合損益表，計算當期損益。資產則歸併入「透過損益按公允價值衡量之金融資產」。

3.備供出售持有之投資。非以上二者的權益證券投資即屬之；這類股票若無活絡市場公開報價且公允價值無法取得，則原則上採成本進行衡量，表列於「以成本衡量之金融資產」。至於有公允價值的股票，持有期間市價波動差額，表達於權益項下之「備供出售金融資產未實現損益」，不計入當期損益，資產則表達於「備供出售金融資產」。

轉投資分類方法

類別	投資目的或概況	資產列示位置	市價波動之表達
1.採權益法之投資	(1)對被投資公司營運、投資、理財等決策具有重大影響力; (2)持股達被投資公司股權 20%。	資產負債表之「採權益法之投資」。	無需處理；僅於附註中揭露市價資訊供參考。
2.交易目的之投資	主要目的，是為了短期內出售。	資產負債表之「透過損益按公允價值衡量之金融資產」。	列入當期損益，會影響 EPS 計算。
3.備供出售之投資	非以上二者，均屬之。	(1)無活絡市場及公允價值者：資產負債表之「以成本衡量之金融資產」。	不適用。
		(2)有可靠公允價值者：資產負債表之「備供出售金融資產」。	列入「權益」項下，不影響當期損益。

只有列入此類者，才反應在損益之中！

公司對投資性質的認定，將影響財務報表的表達。

↓

投資人應放大檢視，「綜合損益表」外的損益有多少！

資料來源：作者整理

3-13 綜合損益表外暗藏天險

當投資人投資之企業，名義上雖有本業，實質上變身為一家「投資公司」，反應其績效的投資損益，會因為企業本身對投資目的之判定，出現重大差異，即如【3.12】所述。以下就以借鏡大同（2371）公司體察其奧妙之處。

大同公司，創業於民國7年，屹立至今已有近百年的歷史。事業版圖擴及世界各地，在二零一三年財務報告中所揭露採權益法直接轉投資的企業，就高達四十五家之多，其中不乏上市櫃公司。在資產負債表中與股票投資有關的會計項目計有「備供出售金融資產」、「以成本衡量之金融資產」、及「採權益法之投資」。比對【3.12】簡介的會計處理原則，大同公司各項股票投資，市價起伏波動，造成財產價值的升貶，在未出售持股前均不會出現在綜合損益表之中。

重視會計迷宮之中的弦外之音

這家百年老字號，投資眼光是否犀利精準？【附表】將採權益法之投資標的，屬上市公司有公開價格者，彙列評比帳金額與報導期間結束日之市價。雖是漲跌互見，其中持有精英電腦（2331）的潛在虧損已高達二十一億元，對於這些隱居在會計迷宮中的弦外之音，投資人千萬別充耳不聞！

如何檢視企業轉投資的成效

大同(2371)公司2013年採權益法投資之上市櫃公司

單位:千元

被投資公司	帳面金額	持股比例	2013/12/31 揭露之市價	截至2013/12/31 潛在(損)益
精英電腦(股)公司	5,611,995	27.49%	3,438,668	(2,173,327)
中華映管(股)公司	557,269	8.46%	1,096,771	539,502
大同世界科技(股)公司	504,133	53.60%	1,053,530	549,397
福華電子(股)公司	143,479	12.05%	81,699	(61,780)
尚志半導體(股)公司	1,947,587	43.18%	1,305,240	(642,347)
尚志精密化學(股)公司	314,751	48.27%	258,837	(55,914)
小計				(1,844,469)

資料查找簡易流程：

1.確定財務報表有無相關投資項目

2.檢視財務報表附註各類投資明細

3.針對有公允價值之投資標的計算損益

資料來源：公司財報、作者整理

3-14 資本支出與長期設備投資

資本支出，係指企業為了製造、銷售、研發或行政管理等需求而購買長期性資產，其主要目的在於自用而非出售謀利。有形的不動產、廠房與設備（即舊稱之固定資產），無形的電腦軟體成本、專利權與商標權等均屬之。由於這類支出金額較鉅，資產取得前置時間較長，例如廠房建造可能需數年間才能完成，取得後相關資產耐用年限可跨越多年。正確的資本支出，是產業升級的基礎工程；但失誤的資本支出，也可能成為企業尾大不掉的絆腳石。

台積電（2330）為全球晶圓代工產業的龍頭，其資本支出的消息經常盤踞財經媒體版面。因為台積電的資本支出象徵其對未來產業景氣的預期，也代表其鞏固技術領先競爭對手的實力資糧，正所謂「大軍未動，糧草先行」。否則當需求旺盛時，才發現產能不足，始進行設備建置，待廠房設備就緒，恐早已物換星移。資本支出，是決勝千里之外的運籌帷幄。

資本支出可帶動相關廠商的營運活力

媒體關心台積電的資本支出，除了信賴該公司的智慧眼光外，更因為其金額十分龐大，將帶動相關廠商的營運活力，這不僅是混沌世界裡的蝴蝶效應，更是雞犬升天的共同榮景。二零一五年台積電預計資本支出達一百億美元，折合新台幣超逾三仟億元，難怪消息一出，許多上市櫃合作供應商，股價均紅盤慶賀。

回歸基本面，長期性營業用資產，按企業購置、使用、持有、處分或報廢等階段，會計原則均有對應的考量與處理，彙列於【附圖】。投資人應深切體認，企業對於支出的金額，暨是否予以資本化或費用化，具有裁量主控權。這將影響資產負債表與綜合損益表的表達，即便支出總金額相同，透過不同時點的認列安排，將造就出不同的財務風貌，【3.15】與【3.16】就是二種反向操作思維。

企業資本支出增加是否為真利多？

以台積電為例

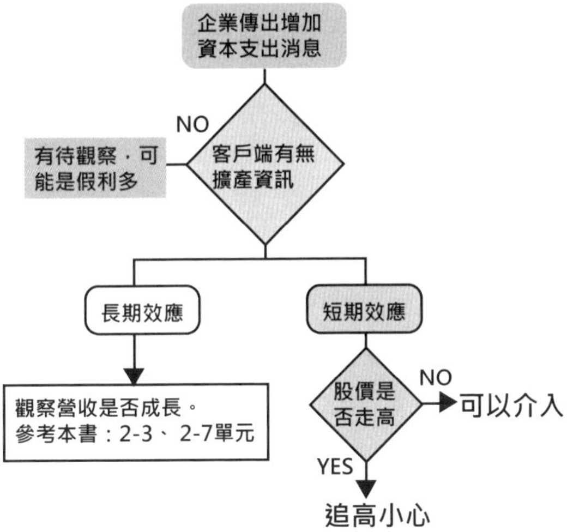

長期營業用資產各階段財務影響概覽

	會計原則	相關報表的影響		
		資產負債表	綜合損益表	現金流量表
購置	達到可供使用狀態之一切必要合理支出，暨日後拆卸、移除暨復原之成本，為資產取得成本	資產增加	不影響損益	投資活動現金流出
使用	按估計耐用年限，分攤資產取得成本，計提折舊費用	資產帳面金額逐年減少	折舊計提反應於費用上，使當期淨利減少	不影響現金流量
維護	日常維修支出，於發生時認列為費用	資產無異動	維修支出反應於費用上，使當期淨利減少	營業活動現金流出
	重大修繕支出，預期具有未來經濟效益	增列資產	將使日後期間攤提之費用增加，使相關期間淨利減少	支出發生時造成投資活動現金流出；續後費用攤提不影響現金流量
減損	於資產負債表日評估有無減損跡象。若有則認列減損損失；日後價值回升，可在減損損失認列範圍內迴轉	資產價值調整	認列與迴轉減損損失會影響當期損益	不影響現金流量。
處分	依處分價款與帳面金額，計算價差	資產除列	價差認列於損益項下，影響當期損益	處分總款將增加投資活動現金流入
報廢	沖銷資產	資產除列	資產原帳面若有餘額將認列為損失，影響當期損益	不影響現金流量

資料來源：作者整理

3-15 投資資產股到手卻是負債

長期性營業用資產，因為持有時間很長，許多真是名實相符的「不動產」。正因為長期持有，而財務報表又採成本模式衡量表達，聰明的投資人，運用十足的想像力再加上各方分析人員的推波助瀾，讓人想到廠房變豪宅，黃土變黃金的景象，不禁心花怒放。

讚！資產股的想像空間總是能引起很大的共鳴與迴響。但是房地開發大利多，不能只是新聞標題。投資要的是資產保值而後增升，若結果買到的卻是滿手負債，豈不鏡花水月一場空！

資產股報表顯現的事實

台肥（1722）、士紙（1903）、新紡（1409）、農林（2913）及大同（2371）等都是資產股的明星代表。大同擁有台北市精華區的土地，讓百年老字號金光閃閃，在【3.13】簡介了該集團轉投資的潛在虧損，內傷不淺就不再落井下石。即以台肥與士紙二零一三年的報表為指標，看看數字能告訴我們哪些故事。

【附圖】摘錄台肥簡要財務結構，總負債新台幣一百五十五億元，流動資產規模新台幣八十億元，保守估計未來若需償還所有負債，勢必動用非流動資產進行變現，但若真的行此下下策，恐對公司正常營運造成莫大衝擊。

幸好，台肥已在台北市南港進行都更改建案，並陸續將土地開發分案招標釋出，每年有穩定獲利與盈餘分配，稱得上是實力與潛力兼具的資產股。

反觀，士紙二零一三年資產負債表中有超逾百分之七十的資金已轉投資二家非上市櫃子公司，相關持股流通變現不易；財務結構中負債新台幣十億元，流動資產新台幣八億元，未來償還負債的資金來源極為有限。

再者公司長年虧損，近十年未有發放股息，土地開發獲利非短期內可實現，投資人若要靠配息獲利已屬不可能；只能當新聞版面，又輪到資產股活蹦亂跳時，順勢短線操作。

資產股投資操作簡要決策流程

資產股投資操作簡要決策流程

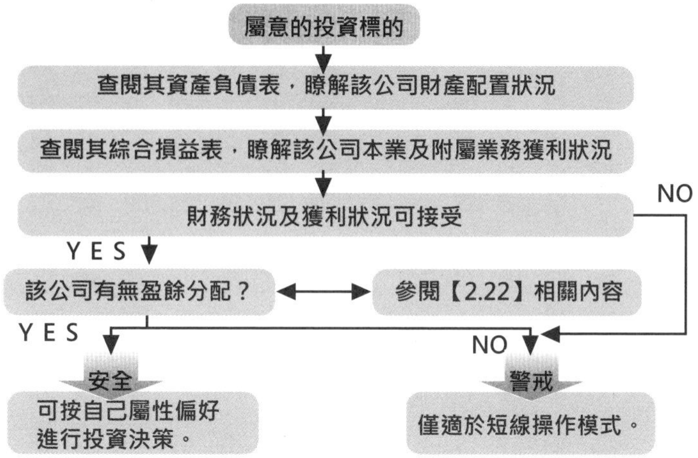
屬意的投資標的
查閱其資產負債表，瞭解該公司財產配置狀況
查閱其綜合損益表，瞭解該公司本業及附屬業務獲利狀況
財務狀況及獲利狀況可接受
NO
YES
該公司有無盈餘分配？
參閱【2.22】相關內容
YES
NO
安全
可按自己屬性偏好
進行投資決策。
警戒
僅適於短線操作模式。

台肥(1722)2013年相關財務資料

單位：千元

項目	資金來源	項目	資產配置
自有資金-權益	50,774,372	流動資產	8,034,798
外有資金-負債	15,521,513	不動產、廠房及設備	38,088,566
		投資性不動產	7,128,360
		採權益法之投資	10,514,386
		其他流動資產	2,529,775
合計	66,295,885	合計	66,295,885

台肥(1722)近10年股利發放統計表

單位：元

年度	現金股利	盈餘配股	公積配股	股票股利	合計
2013	2.00	0.00	0.00	0.00	2.00
2012	2.70	0.00	0.00	0.00	2.70
2011	2.30	0.00	0.00	0.00	2.30
2000	2.20	0.00	0.00	0.00	2.20
1999	1.40	0.00	0.00	0.00	1.40
1998	1.80	0.00	0.00	0.00	1.80
1997	3.40	0.00	0.00	0.00	3.40
1996	3.00	0.00	0.00	0.00	3.00
1995	2.20	0.00	0.00	0.00	2.20
1994	1.70	0.00	0.00	0.00	1.70

士紙(1903)2013年相關財務資料

項目	資金來源
自有資金-權益	3,733,909
外有資金-負債	1,060,185
合計	4,794,094

項目	資產配置
流動資產	878,793
不動產、廠房及設備	439,446
投資性不動產	54,091
採權益法之投資	3,404,935
其他流動資產	16,829
合計	4,794,094

註：近十年無盈餘分配

資料來源：作者整理、YAHOO股市

3-16 改變折舊期間的挪移大法

營業用長期資產─不動產、廠房及設備等折舊的攤提，在該資產達到可供使用狀況那刻開始，一直進行到資產除列為止；即將其自資產負債表中去除的那一刻。攤提之目的係將資產取得成本分攤於資產的可使用期間，因此折舊費用成為企業持有這類資產的期間性固定負擔。

當企業產能充分運用，營運狀況符合預期，收入獲利穩定時，折舊費用就相對微不足道；但當收入下滑獲利萎縮，仍需分攤同額的折舊費用，將使整體呈現的績效更是雪上加霜。

還記得在【3.14】提及長期性營運資產的會計政策，公司本身具有裁量主控權。靈活的管理人員就透過會計政策來進行帳面生產結構大改造。

縮短計提折舊的年限，讓資產成本快速攤銷完畢！此舉將造成攤銷期間的損益狀況更加惡化，但因折舊攤提不會影響現金流量，即無需動用資金，只是報表更加難看，反正維持現況也好不到哪兒去。

隱忍些時日，一旦攤銷完畢，以後年度資產仍可繼續使用，卻已無成本需攤銷，淨利自然跳升，擘劃出轉虧為盈的大榮景。這種置之死地而後生，勾勒出浴火鳳凰的轉折奮鬥史，一直很受新聞媒體的青睞。

以會計手法改善損益

此類以會計操縱改善損益的手法，也常被套用在重大支出一次性認列為費損。經過一番大沖刷的洗禮，以後期間成本費用瞬間輕盈許多。

這種乾坤挪移大法，也暗示著投資人偏好「著眼現在、放眼未來」，容易忽略了凡走過必留下痕跡，這足跡就藏在財務報表裡。

所以正如【2.22】所言，今年公司有賺錢，EPS為正數，不代表公司就有能力進行盈餘分配！

折舊攤提原則改變的效果

假設二公司除折舊攤銷年數不同外，其餘條件相同

	甲公司			乙公司			
	未扣折減前淨利	折舊費用（按9年攤提）	淨利	未扣折減前淨利	折舊費用（按3年攤提）	淨利	
第 1 年	100 單位	10 單位	90 單位	100 單位	30 單位	70 單位	甲公司好?!
第 2 年	100 單位	10 單位	90 單位	100 單位	30 單位	70 單位	
第 3 年	100 單位	10 單位	90 單位	100 單位	30 單位	70 單位	
第 4 年	100 單位	10 單位	90 單位	100 單位	0 單位	100 單位	乙公司好?!
第 5 年	100 單位	10 單位	90 單位	100 單位	0 單位	100 單位	
第 6 年	100 單位	10 單位	90 單位	100 單位	0 單位	100 單位	
第 7 年	100 單位	10 單位	90 單位	100 單位	0 單位	100 單位	
第 8 年	100 單位	10 單位	90 單位	100 單位	0 單位	100 單位	
第 9 年	100 單位	10 單位	90 單位	100 單位	0 單位	100 單位	
合計	900 單位	90 單位	810 單位	900 單位	90 單位	810 單位	

哪一個公司才是我想投資的？

認清自己的投資屬性！

利用【2.22】進行決策輔助！

資料來源：作者整理

3-17 慢活是另類會計魔術

迴異於【3.16】急驚風式的快刀斬亂麻，快速沖銷資本支出。本節要介紹完全相反的另類慢活藝術，最具代表性的案例是台灣高鐵（2633）改變其營運特許權資產攤銷政策。

台灣高鐵因為原始投資金額龐大，依二零一三年財務報告中揭露營運特許權資產之成本金額高達五千二百九十億元，但其普通股股本僅有六百五十一億元，特別股股本四百零二億元，累計待彌補虧損為五百五十二億元。

台灣高鐵於二零零八年度以前，將取得之固定資產折舊採用直線法計提，之後其以「為使固定資產經濟效益與消耗型態基礎一致」為由，經行政院金融監督管理委員會核准，乃自二零零九年起，將直接歸屬與運量相關之固定資產（包含土地改良物、房屋及建築、機器設備、運輸設備及部分其他設備）折舊方法由直線法改為運量百分比法。

會計政策調整以拖待變

二零零八年會計政策調整前，該年度折舊費用高達一百九十億元，而台灣高鐵全年度營業收入總額為二百三十億元。這沈重的折舊負擔，不僅使投資股東分配股息紅利成為遙不可及的奢望，也因連年虧損而面臨嚴峻的財務壓力，想增資股東不願，要借錢銀行不肯。

二零零九年台灣高鐵調整為「慢活」模式，將折舊方法由直線法改採運量百分比法，改變前後年度折舊費用減少近一百零八億元，虧損規模立即縮減。台灣高鐵終於在通車五年後的二零壹零年首度獲利，面對這樣的好消息，台灣高鐵發言人在接受新聞媒體訪問時以十六字進行說明：「鏡花水月、紙上富貴、遠景疑憂、奮勇向前」。說穿了，就是以拖待變。

降低折舊可美化企業折舊

以台灣高鐵為例

台灣高鐵(2633)財務報告中相關政策調整說明

九十七年度以前取得之固定資產折舊採直線法計提，為使固定資產經濟效益與消耗型態基礎一致，本公司依行政院金融監督管理委員會金管證六字第0970069714號函核准，自九十八年一月一日起，將直接歸屬與運量相關之固定資產（包含土地改良物、房屋及建築、機器設備、運輸設備及部分其他設備）折舊方法由直線法改為運量百分比法。運量百分比法係按當期實際運量或預計運量較高者佔剩餘特許期間（或剩餘耐用年限）預計總運量之比率計提折舊，當實際運量與預計運量有重大差異時，本公司委託外部專家進行運量研究，並根據修正後剩餘特許期間預計總運量調整以後年度之折舊。

各年度重要財務資料彙總

單位:千元

項目＼年度	2011	2010	2009	2008
本期淨利(損)	5,783,747	(1,210,041)	(4,789,455)	(25,009,697)
營業收入	32,236,505	27,635,351	23,323,712	23,047,583
折舊費用	10,647,252	9,472,967	8,222,634	18,994,251

重大分界

資料來源：公司財報、作者整理

3-18 投資性不動產的寶藏

長期資產，除了【3.14】所介紹供生產、銷售或管理等使用之不動產、廠房及設備，另外還有一種，目前處於未積極使用、或尚未決定用途；若要處分，則還在等待一個令人滿意的價格。

這種狀況，多發生於早期因營運需要而持有大量土地及建物，歷經產業轉型後這些不動產則閒置未用。在我國與國際會計準則接軌後，這類資產在財務報表上歸類為「投資性不動產」。

所謂投資性不動產，係指企業為賺取租金或資產增值或兩者兼具而持有之不動產，包括因該目的而建造中之不動產。另，亦包括目前尚未決定未來用途所持有之不動產，故將其視為獲取資本增值所持有。

原始認列採成本衡量，後續則以成本減除累計折舊及累計減損損失後之金額衡量。若為公開發行以上之公司，則可採公允價值模式進行衡量，公允價值變動所產生之利益或損失，於發生當期認列為損益，各年度中不得攤提折舊費用。

投資性不動產處分易有益淨利

不動產、廠房及設備，係企業目前營運使用中的資產設備，若真處分變現，無異於殺雞取卵。但投資性不動產若實際處分變現，對於企業資金活化有直接助益，且處分利益實現時，預計可為當年度淨利產生重大貢獻。

這些隱身在財務報表中的寶藏著實誘人。【附表】就再以台肥（1722）與士紙（1903）二〇一三年度財務報表為例，拼湊這塊藏寶圖。

不要忽略開發時間

冷靜！投資人千萬別太衝動，【附表】僅是理想狀態。美夢孕釀需要時間，看看許多土地開發案，從火熱的新聞事件，到真正開工動土，耗時數十年也屢見不鮮。有夢最美，希望股價能相隨；套房蹲久了，期待夢醒時分就是豪宅完工時。

留心帳面上的投資性不動產

台肥(1722)2013年相關財務資料

單位：千元

項目	資金來源	項目	資產配置
自有資金-權益	50,774,372	流動資產	8,034,798
外有資金-負債	15,521,513	不動產、廠房及設備	38,088,566
		投資性不動產	7,128,360
		採權益法之投資	10,514,386
		其他流動資產	2,529,775
合計	66,295,885	合計	66,295,885

報表列示採成本模式，附註揭露具公允價值部分為 22,746,927 千元，其餘因工業區無活絡交易，無具體公允價值。

士紙(1903)2013年相關財務資料

單位：千元

項目	資金來源	項目	資產配置
自有資金-權益	3,733,909	流動資產	878,793
外有資金-負債	1,060,185	不動產、廠房及設備	439,446
		投資性不動產	54,091
		採權益法之投資	3,404,935
		其他流動資產	16,829
合計	4,794,094	合計	4,794,094

報表列示採成本模式，附註揭露之公允價值為 691,909 千元。

資料來源：公司財報、作者整理

3-19 無形資產的商譽

二零一三年與二零一四年台灣連續爆發嚴重的工安與食安事件，因為日月光事件讓我們痛心的「看見台灣」，又因為黑心油事件使台灣美食王國幾乎滅頂。社會上紛紛期盼著能發現有良心的企業，希望他們能不單單只是為營利，更是能對於社會公益情義相挺，美好信念永續常存的良心事業。消費者也憑藉著輿情認知，對特定企業展現品牌忠誠度，且以實際購買行動展現出對其商譽的肯定。

併購時產生的價差

許多上市櫃公司的財務報表上就有「商譽」，其所代表的意涵無法與上述概念劃上等號。財務報表上的「商譽」是用來表達，公司併購其他企業時，所支付的價款扣除所取得之一切可辨認資產公平價值之差額。

換言之，財務報表上的商譽概念，是併購交易中產生的差額。因為這項差額，無法具體辨認歸屬於特定單一資產，這項差額代表賣方除了有形資產外，尚憑藉其信譽、管理模式或人力資源等Know—How而有價值存在，這就是會計學上的商譽概念。

無形資產在企業合併時會發生影響

企業的價值需具有可衡量的經濟效益，學理上認定商譽代表著企業的超額獲利能力。但在進行財務分析時，獲利能力需仰賴與同業間資料比較方可論斷是否超額。會計上講究公正客觀，故企業自行發展的商譽並不予估列入帳。但在企業併購時，因有交易雙方客觀認定的事實，且有實際資金移動，財務報表上的商譽就此誕生。

在進行財務報表分析時，若商譽應表彰的「超額獲利能力」，其經濟價值並不明確，投資人應保守以對，暫時忽略該項資產價值，除非有明確證據顯示其經濟效益確實存在。

會計商譽簡易概念

目標公司可辨認之各項資產公平市價	
1.現金	50萬
2.存貨	20萬
3.不動產	200萬
4.其他資產	30萬
合計	300萬

併購公司原以400萬進行併購交易。

併購公司報表上資產呈現狀況	
1.現金	50萬
2.存貨	20萬
3.不動產	200萬
4.其他資產	30萬
5.商譽	100萬
合計	400萬

資料來源：作者整理

認識企業的 3-20 負債

企業達到目前營運規模的資金來源，可概分為二大來源，其一為自有資金，另一為外來資金。自有資金，係股東的投入，無還款期限且無支付使用成本的強制義務（即股利）。外來資金，即為負債，有還款期限，部份負債約定需給付使用成本（即利息）。負債的發生，有些是因為企業融資借款，另外有些則是伴隨企業正常營運活動的信用交易自然產生。此外，還有些債務目前尚未正式表達於財務報表中，但企業未來確實負有履行責任。

流動負債與非流動負債

完善的負債運用對企業長期營運與成長具有重大助益，但失序的負債管理徒讓沈重利息侵蝕企業獲利，更可能因脆弱的償債能力而斷送企業生機。

在資產負債表上的負債，依到期償還期限的久暫區分二類：

流動負債。包括企業預期於其正常營業週期中清償之負債；主要為交易目的而持有之負債；或預期於資產負債表日後十二個月內到期清償之負債。

即使該負債於資產負債表日後至通過財務報表前已完成長期性之再融資或重新安排付款協議；企業不能無條件將清償期限遞延至資產負債表日後至少十二個月之負債均屬之。

流動負債，依其發生原因可再區分為因營業活動中的信用交易，而自然發生的「自發性負債」；與企業自行籌措舉借而發生的「融資性負債」。

非流動負債。凡不屬於流動負債者，即歸入此類。各類長期性借款，通常附有利息負擔，若企業資金運用之效益大於需支付之利息，則此項穩定的資金來源對於股東權益的增進是有助益的。

惟長期性借款合約通常訂有限制條款，例如：限制盈餘分配或負債比率等，投資人應注意評估其相關影響。

企業資金來源

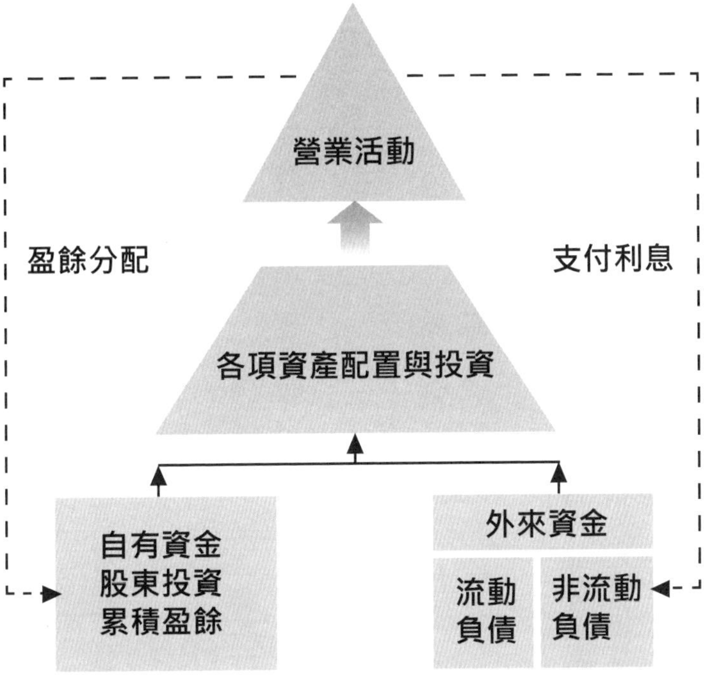

資料來源：作者整理

3-21 流動負債常見項目與觀察重點

常見流動負債包括下列會計項目：

短期借款：指向金融機構或他人借入或透支之款項。

應付短期票券：指為自貨幣市場獲取資金，而委託金融機構發行之短期票券，包括應付商業本票及銀行承兌匯票等。

透過損益按公允價值衡量之金融負債－流動：指持有供交易或原始認列時被指定為透過損益按公允價值衡量之金融負債。

避險之衍生金融負債－流動：指依避險會計指定且為有效避險工具之衍生金融負債，應以公允價值衡量。

以成本衡量之金融負債－流動：指與無活絡市場公開報價之權益工具連結，並以交付該等權益工具交割之衍生工具，其公允價值無法可靠衡量之金融負債。

應付票據：指商業應付之各種票據。

應付帳款：指因賒購原物料、商品或勞務所發生之債務。

其他應付款：指不屬於應付票據、應付帳款之應付款項，如應付薪資、應付稅捐、應付股息紅利等。

本期所得稅負債：指尚未支付之本期及前期所得稅。

預收款項：指預為收納之各種款項。

負債準備－流動：指企業因過去事件而負有現時義務，且很有可能需要流出具經濟效益之資源以清償該義務，且該義務之金額能可靠估計。

流動負債分析

流動負債

自發性負債

- 應付票據
- 應付帳款
- 其他應付款
- 本期所得稅負債
- 預收款項
- 其他

為無息的資金來源，通常與營業規模攸關；若發生鉅幅變動，應留心觀察企業營運規模是否有重大轉折發生。

融資性負債

- 短期借款
- 應付短期票券
- 透過損益按公允價值衡量之金融負債-流動
- 避險之衍生金融負債-流動
- 以成本衡量之金融負債-流動

附息之借款與外幣負債，應注意利率與匯率變動風險。可運用財務報表附註之相關揭露進行瞭解評估。

資料來源：作者整理

3-22 非流動負債常見項目與觀察重點

非流動負債，指不能歸屬於流動負債之各類負債，常見有下列會計項目：

金融負債：包括透過損益按公允價值衡量之金融負債－非流動、避險之衍生金融負債－非流動、以成本衡量之金融負債－非流動。

金融負債係按有效利息法計算之攤銷後成本或透過損益按公允價值作後續衡量。透過損益按公允價值衡量之金融負債係未能符合避險會計要件之衍生金融工具，則以公允價值衡量，任何因再衡量產生之利益或損失係認列為損益。

金融負債非屬持有供交易目的且未指定為透過損益按公允價值衡量者，於後續報導期間結束日係按攤銷後成本衡量。

公司債利率應注意是否有約定限制條款

應付公司債：指公司發行之債券，應注意其利率暨是否有約定限制條款。公司債發行條件有時會與公司權益相連結，例如可轉換公司債，常約定債權人持有一段時間後可依發行條件，於特定期間按一定比率或特定價格選擇轉換為普通股。投資人應注意這些潛在普通股若選擇轉換，可能對公司股價暨每股盈餘有稀釋作用。

若為外幣的長期借款應注意匯率風險

長期借款：指到期日在一年以上之借款。應注意其內容、到期日、利率、擔保品名稱及其他約定重要限制條款；若為外幣負債應注意相關匯率風險。

長期應付票據及款項：指付款期間在一年以上之應付票據、應付帳款。

負債準備－非流動：指不確定時點或金額之非流動負債，其係企業因過去事件而負有現時義務，且很有可能需要流出具經濟效益之資源以清償該義務，且該義務之金額能可靠估計。

遞延所得稅負債：指與應課稅暫時性差異有關之未來期間應付所得稅。

非流動負債分析

非流動負債

- **營業活動產生**
  - 遞延所得稅負債
  - 負債準備
- **與權益連結**
  - 可轉換公司債
- **資金調度產生**
  - 金融負債
  - 長期借款

注意借款合約內容、到期日、利率、擔保品名稱及其他約定重要限制條款；若為外幣負債應注意相關匯率風險。

↑

借款利息與外幣負債，應注意利率與匯率變動風險。可運用財務報表附註之相關揭露進行瞭解評估。

↑

發行可轉換公司債者，投資人應注意這些潛在普通股若選擇轉換，可能對公司股價暨每股盈餘有稀釋作用。

資料來源：作者整理

3-23 資產負債表外融資與潛在風險

負債，除了已正式登上資產負債表上的項目，還有些債務目前尚未正式表達於財務報表中，但企業未來確實負有履行責任，學界稱之為資產負債表外融資。

這類融資透過契約的安排巧妙地閃躲了會計負債認列的門檻，但其存在的承諾與給付義務，一樣會造成企業經濟資源流出，同時制約企業營運自由度。但因契約簽訂時，尚未涉及資金或商品的移動，致無需認列表達在會計帳上。

更多時候，此類交易的安排，是為刻意降低財務報表上負債水準，以美化財務結構，這點與投資人風險評估的考量恰恰相反。

資產負債表外融資常運用的安排有：

租賃合約。以租賃行為取代購買，有時係著眼於租稅上的考量，或者降低一次性給付的資金壓力。甚且將自有機器設備等資產售出後再租回，進行逆向操作取得資金。

採購合約。特定期間內需按約定價格至少採購某一數量，縱使企業目前無進貨需求；或者是將自家商品出售予融資公司，再依約定條件分批買回。

企業可能潛在的營運風險

企業潛在營運風險，尚可能來自：

特別股。其發行條件雖會限制其股東權的行使，但常保障其得享有一定比例或金額的股利，甚至在公司無盈餘時，仍有給付義務且可累積推延至有盈餘的年度發放，這類特別股其實已近似於負債。

或有負債。企業因訴訟案件結果尚未經最終審級法院判決確定，故僅以文字附註揭露相關情況；或者為關係企業進行背書保證，僅輕描淡寫於附註中，令投資人大意忽視冰山一角的威力。視而不見的風險與過度樂觀，都是投資決策的大敵。

站在企業門外的投資人，除了保守觀察任何蛛絲馬跡外，管理當局的誠信與風評都是平時該留心的非量化因素。

你坐在企業地雷上嗎？

資料來源：作者整理

3-24 透視企業償債能力的重要比率

在分析投資標的時，掌握其短期償債能力可作為避免誤踩地雷的預警。企業短期償債能力不佳，即意謂著週轉不靈的烏雲一直籠罩著，未來發展若是雲開月出自是安然無恙；但若是「山雨欲來風滿樓」，就怕真是「一上高樓萬里愁」。常用的指標有下列各項，計算公式見【附表】。

現金比率不是高就好

現金比率。這是以極端保守的觀點，檢視企業遇有緊急突發狀況時，以現金應變付款的能力。通常持有流動性極高的現金，僅能為企業帶來微薄的利息收益，有違營利事業的本質。

正常企業是會將現金作更廣泛的安排應用，反倒是地雷公司為隱匿虧空或蓄意美化，報表上高額的現金餘額與營業軌跡呈現顯不相當的態樣，均應提高警覺。

流動比率。此比率用以觀察流動資產能涵蓋流動負債的程度，流動資產不足以清償流動負債厥為重大負面事件；有此情況發生，常為許多機構投資人立即拋售持股的指標訊號。

速動比率。該比率衡量目的與流動比率相同，但流動資產中，當有緊急狀況發生時，存貨與預付款項幾乎毫無變現能力，故在計算時將之剔除。

流動比與速動比過低，小心為上

您或許會懷疑存貨怎無變現能力？公司不就是仰賴存貨交易為生的嗎？正因為如此，一家公司流動負債的規模竟然大於流動資產，推測該公司可能已有一段時日沒有清償流動負債，而流動資產不僅沒有增加甚或正一點一滴流失中；而流出的多半是現金，留下的則是難收的應收帳款與滯銷的存貨。所以當發現有流動比率與速動比率小於一，還是先避險為宜，畢竟留得青山在就不怕沒柴燒。

營業現金流量比率。前三項是計算各類資產與流動負債規模間的比值關係，本項則是評估企業以正常營運所創造的現金流量，來清償流動負債的能力。

評估企業償債能力的指標

短期償債能力重要比率公式並以因「美河市」建案聲名大噪的日勝生活科技股份有限公司(2547)2013年財報資料作為計算樣本。

1.現金比率：

公式＝現金及約當現金 / 流動負債或流動資產

實例試算：

現金及約當現金404,137 / 流動負債31,928,480 或 現金及約當現金404,137 / 流動資產33,452,219

＝ 1.27% 或1.21%

2.流動比率：

公式＝流動資產 / 流動負債

實例試算：

流動資產33,452,219 / 流動負債31,928,480

＝ 104.77%

3.速動比率：

公式＝速動資產 / 流動負債 ＝ 流動資產-存貨-預付款項 / 流動資產

實例試算：

流動資產33,452,219-存貨20,383,581-預付款項1,920,170 / 流動負債31,928,480

＝ 34.92%

4.營運現金流量比率：

公式＝營業活動現金流量 / 流動負債

實例試算：

營業活動現金流量15,841,227 / 流動負債31,928,480

＝ 49.61%

小結：整體試算結果，日勝生(2547)2013年度短期償債能力並不理想，流動比率雖然大於1，但其他比率明顯微弱；所幸依該公司於財務報表附註中所揭露，該年度尚有約104.7億元未動用之融資額度，尚可補強其流動性風險。但投資人或可察覺該公司當年度基本每股盈餘高達12.01元，但股價卻未見強勢反應，確有其箇中道理。

資料來源：公司財報、作者整理

3-25 觀察企業長期償債能力的重要比率

有別於上一節所介紹的短期流動性風險評估，企業長期償債能力的觀察目的，雖然也是希望將企業相關風險予以數量化，但長期負債通常金額規模較短期負債龐大，且附有利息負擔。

再者正常的財務管理原則，長期性資金來源係用以支應長期性資產的建置與投資，長期債務雖然到期日尚久，但卻可能因為短期資金週轉不當或未按期支付利息而提前引爆全面性債務風險，打亂企業資金調度規劃，因此長期償債能力的觀察會採二大面向進行：

一、觀察營運收益付息能力

資產是抵償負債的後盾，日常營運穩定的收益才是履行債務本息的健康來源，以此角度出發的觀察指標有二：

盈餘基礎之利息保障倍數。分子的概念是計算企業有多少盈餘，可用以支應利息負擔。由於利息費用為企業計算所得稅時可扣抵的項目，故分子計算邏輯實務上稱之為「稅前息前淨利」。

現金基礎之利息保障倍數。這一指標則是將計算觀點轉換為，來自營業活動所產生的現金流量，與利息負擔的倍數關係。以上二指標我們均以「倍數」稱之，因為計算結果的期望值至少應大於一，且愈大愈安全。因為別忘了，企業除了支付利息尚需償還本金。

二、觀察資產規模資金配置

負債比率。可藉由這個比值看出企業外來資金的比重，巧妙的舉債透過固定利息支出創造額外收益，以增加股東權益是為正向的財務槓桿，但槓桿操作的安全防護是絕對必要的考量。

負債對權益比率。此一指標分子與分母的總合即是企業目前的資產規模，又股東權益係表彰剩餘財產的請求權，因此藉以觀察整體負債受股東權益保障的程度。

評估企業長期償債能力的指標

長期償債能力重要比率公式及日勝生活科技股份有限公司(2547)2013年財報相關資料之試算。

1.盈餘基礎之利息保障倍數：

公式＝$\frac{\text{稅後淨利＋所得稅費用＋利息費用}}{\text{利息費用}}$

實例試算：

$\frac{\text{稅後淨利10,139,438＋所得稅費用5,218＋利息費用574,316}}{\text{利息費用574,316+資本化利息357,149}}$

＝ 11.51倍

2.現金基礎之利息保障倍數：

公式＝$\frac{\text{營業現金流量＋實付所得稅＋實付利息費用}}{\text{利息費用}}$

實例試算：

$\frac{\text{營業現金流量15,841,227＋實付所得稅56,567＋實付利息費用611,760}}{\text{利息費用574,316+資本化利息357,149}}$

＝ 17.72倍

3.負債比率：

公式＝$\frac{\text{負債總額}}{\text{資產總額}}$

實例試算：

$\frac{\text{負債總頟33,824,188}}{\text{資產總額51,402,966}}$

＝ 65.80%

4.負債對權益比率：

公式＝$\frac{\text{負債總額}}{\text{權益總額}}$

實例試算：

$\frac{\text{負債總額33,824,188}}{\text{權益總額17,578,778}}$

＝ 192.41%

小結：整體試算結果，日勝生(2547)2013年度支付利息能力無虞，但資金結構大量運用舉債槓桿以小搏大，屬投機性偏高的投資標的，投資人應考量本身投資操作策略進行抉擇。

資料來源：公司財報、作者整理

第4章

你投資的企業真的重視股東嗎？

股東權益與
現金流量

企業很容易創造營運良好的假象，一個上市公司，想要用五鬼搬運，擠出資金來配股配息，以掩蓋經營管理一無是處的真象，並不是不可能。了解股東權益的組成及現金流量間的關係，最容易拆穿企業的西洋鏡。

4-1 認識屬於股東的權益

在【3.20】我們將企業的資金來源分為自有資金與外來資金。自有資金源於股東的投入，公司對其不僅無償還之到期日，且依公司法第九條之意旨，公司不得任意將股東已繳之股款退還予股東或任由股東收回。換另一個角度觀察，股東一旦認購公司股份，即不得要求公司收回股份退還股款（例外情況，詳【4.9】），也就是錢進公司永難收回。幸好公司法第一六三條准許公司股份可自由轉讓，使無意繼續投資的股東，可藉由出售持股來終止這項法律關係。

作為公司的股東，享有的權益何在？至少包括二大構面。

財務報表上呈現的權益。在資產負債表上各項資產清償負債後，剩餘的權益即歸股東所享有，因此財務上的股東權益稱為剩餘財產請求權。若真要具體行使這項請求權，就需待公司解散清算之後，但這或許並不是投資人樂於面對的狀況。

公司法上保障的權益。投資行為是一項基於法律關係而衍生的財務操作，公司法上各項權利義務的規範，正是股東權益的主要來源。

股東會為公司的最高權力機構

關於公司經營決策的股東權。股東會為公司最高權力機構，營運決策授權由董事會執行，董事會再遴聘經理人負責日常實際業務運作。身為一位股東，就是透過股東會的召集、提案與表決、董事與監察人的選任等，參與公司重大營業事項。另外在公司決議增資時，股東可享有依原持股比例之優先認購權。

關於公司會計財務的股東權。公司營運最終結果歸股東概括承受，股東自然有權知悉公司營業狀況，而法令也要求公司董事會應於會計年度終了後六個月內召開股東常會，並且編製營業報告書、財務報表及盈餘分派或虧損撥補之議案，提請股東會承認。

這些股東權益的綜合價值，經由市場供需交鋒，形成了股價。股價，不僅是買賣雙方的金錢互易，也代表各項股東權益的移轉。

公司法上關於股東之重要規定

	性質	法令依據	主要內容
經營決策的股東權	股東會提案權	公司法第 172 條之 1	持有已發行股份總數 1%以上股份之股東，得以書面向公司提出股東常會議案，但以一項為限。
	選任、解任或改選董事及監察人	公司法第 192、199、199-1、216、227 條	公司董事會，設置董事不得少於三人，由股東會就有行為能力之人選任之。 董事得由股東會之決議，隨時解任；或於董事任期未屆滿前，經決議改選全體董事。 公司監察人，由股東會選任之。其解任與改選准用前述關於董事之規定。
	請求召集股東會	公司法第 173 條	繼續一年以上，持有已發行股份總數 3%以上股份之股東，得以書面記明提議事項及理由，請求董事會召集股東臨時會。
	優先認股權	公司法第 267 條	公司發行新股時，除依法定規定保留者外，應公告及通知原有股東，按照原有股份比例儘先分認。
會計財務的股東權	承認決算書表	公司法第 20 條	公司每屆會計年度終了，應將營業報告書、財務報表及盈餘分派或虧損撥補之議案，提請股東常會承認。
	查閱表冊權	公司法第 229 條	董事會所造具之各項表冊與監察人之報告書，應於股東常會開會十日前，備置於本公司，股東得隨時查閱，並得偕同其所委託之律師或會計師查閱。
	查核表冊權	公司法第 184 條	股東會得查核董事會造具之表冊、監察人之報告，或選任檢查人為之。

資料來源：作者整理

4-2 認識財務報表上權益的組成內容

【4.1】所介紹的股東權，是法律所保障的股東實質權益。在本節則要概述，在財務報表上量化的股東權益。

股東權益，在經濟上所代表的意義，就是企業所有的資產變現清償負債後之餘額全歸屬於股東所有。在資產負債表中可運用會計恆等式予以計算，即「權益＝資產總額－負債總額」。

股東權益的演進，在企業剛成立的時候僅有股東所投入的資本，後來隨著企業的經營獲利產生盈餘，在盈餘尚未以股利的方式分配給股東之前，則暫時將資金保留於企業內部，繼續投入各項營運週轉。運用之後，產生之所得又可使股東權益增加，周而復始生生不息，使企業規模日益擴大。

在規模較大的企業組織中，權益的構成項目包括有企業歷年累積至今的股本、資本公積、法定公積、保留盈餘或累積虧損、其他權益及庫藏股票。其他權益，包括：國外營運機構財務報表換算之兌換差額、備供出售金融資產未實現損益、現金流量避險中屬有效避險部分之避險工具利益及損失、重估增值等累計餘額。

因其中諸多項目之會計處理與表達，均係依循法令之規定而來，後續各節除將介紹各項目之意義外，尚就其涉及之基本法源作初步彙整，並佐以投資決策觀點進行剖析。

股東權益的組成內容

項目	主要意義	相關節次
股本	股東對企業所投入之資本，並向公司登記主管機關申請登記者。	4-3
資本公積	指企業發行金融工具之權益組成部分及企業與業主間之股本交易所產生之溢價，通常包括超過票面金額發行股票溢價、受領贈與之所得等。	4-4
保留盈餘（或累積虧損）	由營業結果所產生之權益，包括法定盈餘公積、特別盈餘公積及未分配盈餘（或待彌補虧損）等。 1.法定盈餘公積：依公司法之規定應提撥定額之公積。 2.特別盈餘公積：因有關法令、契約、章程之規定或股東會決議由盈餘提撥之公積。 3.未分配盈餘（或待彌補虧損）：尚未分配亦未經指撥之盈餘。	4-5 4-6
其他權益	包括國外營運機構財務報表換算之兌換差額、備供出售金融資產未實現損益、現金流量避險中屬有效避險部分之避險工具利益及損失、重估增值等累計餘額。	4-8
庫藏股票	指公司收回自己所發行的股票，但尚未再出售或註銷者。	4-9

資料來源：作者整理

4-3 如何正確解讀股本

一、意義

股本，係指業主或股東對企業投入之資本，並向主管機關登記者。廣義的說，目前我國之企業組織可概分為「商業組織」與「公司組織」。「商業組織」係指以營利為目的，以獨資或合夥方式經營之事業。

而「公司組織」，依據公司法之規定，又可分為四種：無限公司、有限公司、兩合公司、股份有限公司。在獨資與合夥組織中資本主投入之資金通稱為資本，而公司組織則另以股本稱之。

在會計上所表達之資本，其不僅包括企業創設初期所投入之資金，亦涵蓋企業成立之後因應營運需要，又再度向股東募集之資金。故資本包括有原始的投入資本與後續的增資金額，但均以已向主管機關辦理登記之資本或股本為限。

一般股東或資本主大都是以現金投入企業作為資本，但有時亦可用企業營運所需要的非現金資產作為出資標的，在會計上所有交易的表達均以貨幣單位來表示，故當股東的資本以現金以外之財物抵繳時，應以該項財物之時價為準，作為股東對企業所投入的金額。

二、涉及之法令

如前段所述，資本專指已向主管機關登記之金額。資本的設立與變更則需完全依據法令規定辦理，會計的角色僅在記錄已發生之事項，【附表】即彙列與資本攸關之法令大要。

三、投資決策觀點

股本的大小是觀察一家企業規模的最簡易指標，同時也代表企業目前已取得的自有資金，它象徵企業存續的基石。上市櫃公司股本大小與流通在外的交易籌碼呈正相關，籌碼少股價相對安定，籌碼多股性較為活潑。此外，投資人尚應注意公司董監事的持股狀況。試想：直接參與公司營運的董事都不願持股，散戶就可能淪為輸夫。

法令上關於股本之主要規定

組織別之適用對象	說　明	參考法令
獨資、合夥組織	1. 商業於開業前，應將資本額及其他規定之事項，向主管機關申請登記。 2. 合夥組織，並應將合夥人姓名、各合夥人出資種類、數額向主管機關申請登記。	商業登記法第 9 條
無限公司、兩合公司之無限責任股東	1. 股東得以現金、信用、勞務、債權或其他權利為出資。 2. 各股東有以現金以外財產為出資者，應於章程載明其種類、數量、價格或估價之標準。	公司法第 41、43、44 條
有限公司	股東只得以現金出資，資本總額，應由各股東全部繳足，不得分期繳款或向外招募。	公司法第 100 條
兩合公司之有限責任股東	有限責任股東，不得以信用或勞務為出資。	公司法第 117 條
股份有限公司	1. 資本應分為股份，每股金額應歸一律，一部份得為特別股，其種類應由章程定之。 2. 前項股份數，得分次發行。 3. 股東之出資除現金外，得以對公司所有之貨幣債權，或公司所需之技術抵充之。其抵充之數額需經董事會通過。	公司法第 156 條

資料來源：作者整理

4-4 如何正確解讀資本公積

一、意義

資本公積是指公司發行金融工具之權益組成部分暨因公司股本交易所產生之溢價，而使股東權益增加，包括超過票面金額發行股票所得之溢價、庫藏股票交易溢價等項目。

歸屬至資本公積項下之金額，依公司法之規定不僅能用以填補公司之虧損外，尚可按股東原有持股比例發給新股或現金。換言之，公司之資本公積有能會以「股票股利」或「現金股利」的形式發放予股東。

二、相關法令與稅負分析

公司對於資本公積的運用，首先需依公司法第二三九條，用以填補公司之虧損。在公司無虧損之狀況下，可再適用公司法第二四一條，用以發放股利予股東。股東取得這類股利，依財政部在二〇一二年度所發布之台財稅字第10100097670號函釋：公司依公司法規定將資本公積之一部或全部，按股東原有股份之比例發給現金，該資本公積如屬下列不具股東出資額性質之項目，股東因而取得之現金，應作為其取得年度之股利所得，依所得稅法規定課徵所得稅：

(1)受領贈與之所得。

(2)經濟部九十一年三月十四日經商字第09102050200號令第三點所定「超過票面金額發行股票所得之溢額」範圍中之下列項目：

1. 庫藏股票交易溢價。
2. 特別股收回價格低於發行價格之差額。
3. 認股權證逾期未行使而將其帳面餘額轉列者。
4. 股東逾期未繳足股款而沒收之已繳股款。

三、投資決策觀點

在【2.20】EPS的分析中，建議投資人應先釐清自己投資屬性，同時將企業歷年股利發放狀況列入決策考量。但請注意，若企業的現金股利是源於資本公積，這僅近似於股本的退還，股東尚可能需繳稅；而同樣來源的股票股利，則只是以較多的股數來表彰同等的股權價值，投資人實在無需高興。

股利來源健康嗎？

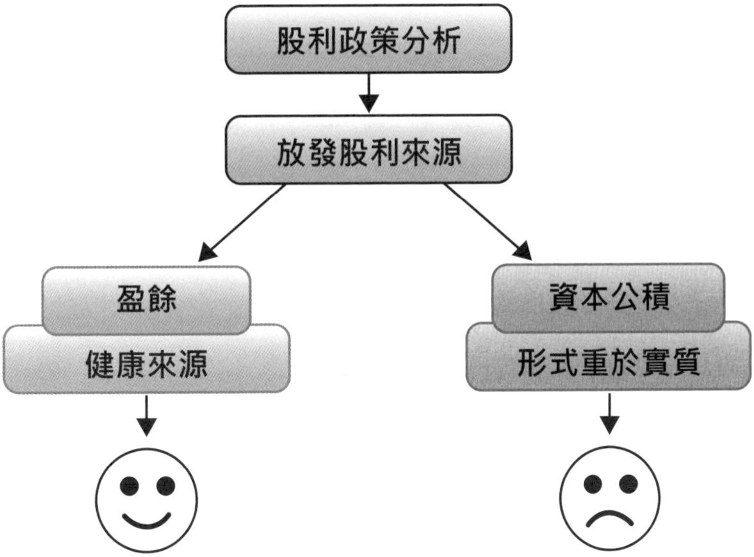

適用對象	主要內容	說明	參考法令
公司組織	資本公積之組成	資本公積指公司因股本交易所產生之權益。包括超過票面金額發行股票所得之溢價、庫藏股票交易溢價等項目。	商業會計處理準則第 25 條
	資本公司運用之限制	1. 公司於盈餘公積填補虧損，仍有不足時，得以資本公積補充之。 2. 公司無虧損者，得經股東會之決議，將因下列來源產生之資本公積之全部或一部份，按股東原有股份比例發新股或現金： (1) 超過票面金額發行股票所得之溢額。 (2) 受領贈與之所得。	公司法第 239、241 條

資料來源：作者整理

4-5 如何正確解讀保留盈餘

一、意義

保留盈餘或累積虧損，係指由營業結果所產生之權益，本項金額係用以累計企業成立迄今之盈餘或虧損的餘額。保留盈餘在會計上可視為企業將股東投入的資金，經運用後產生所得，此所得即為股東之投資報酬，企業將此報酬仍保留於組織內部，尚未分配予股東。反之，若企業經營一直處於虧損的情況，且未經彌補時，則會呈現出累積虧損。

由於企業是一個獨立於出資者的組織，其對外、對內的法律關係，均需憑藉資產作為信用與交易的基礎。若企業有盈餘時，即全數分派予股東，商場變化無常，萬一發生營運虧損時，將使企業資本遭受侵蝕，削弱企業的償債能力，進而影響正常營運。

故為未雨綢繆，使企業能維持穩定的繼續經營能力，當年度決算之盈餘，於分派股息紅利前，應先保留定額公積，藉以鞏固企業資本結構，增進企業的營運能力及債信評等。

二、涉及之法令

保留盈餘可能因公司法或其他法律規定，必須強制保留於企業內部不能分配予股東。或企業基於其營運或理財之特殊目的，而於公司章程中自行規定必須指撥為公積。因此保留盈餘與累積虧損，依其指撥狀況可再分為下列三種：法定盈餘公積、特別盈餘公積、未分配盈餘或累積虧損。

三、投資決策觀點

保留盈餘或累積虧損，象徵企業過去的歷史足跡。累積虧損是所有股東必需一起面對的歷史共業。如果您願意與該企業共赴危難，選擇這樣的投資標的，股利雖發放無望，但靠著風吹草動藉題發揮，關注股價利差操作也未嘗不可。

保留盈餘，則是企業開疆闢土以來的積蓄，雖然過去不必然能與未來畫上等號，但至少顯示該企業確實具備獲利基因，投資人仍注意觀察企業各年度營運狀況與趨勢，因為羅馬非一日造成，但卻可能毀於一旦。

保留盈餘相關規定與對投資影響

適用對象	主要內容	說　明	參考法令
所有企業	保留盈餘或累積虧損之分類	1.法定盈餘公積：指依公司法或其他相關法令規定自盈餘中指撥之公積。 2.特別盈餘公積：指依法令或盈餘分派之議案，自盈餘中指撥之公積，以限制股息及紅利之分派者。 3.未分配盈餘或累積虧損：指未經指撥之盈餘或未經彌補之虧損。	商業會計處理準則第 26 條
	入帳原則	盈餘分配或虧損彌補，應俟業主同意或股東會決議後方可列帳。	
有限公司、股份有限公司	法定盈餘公積之提撥	1.原則：公司於彌補虧損完納一切稅捐後，分派盈餘時，應先提出 10%為法定盈餘公積。 2.例外：法定盈餘公積已達資本總額時，不受上述原則之限制。	公司法第 112、237 條
	特別盈餘公積之提撥	公司得以章程訂定、股東會決議或股東全體之同意，另提特別盈餘公積。	

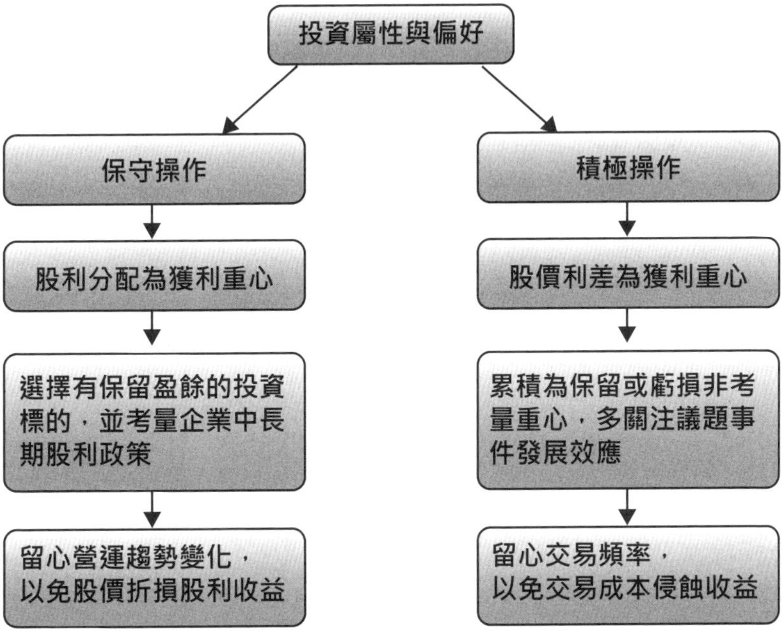
投資屬性與偏好
保守操作
股利分配為獲利重心
選擇有保留盈餘的投資標的，並考量企業中長期股利政策
留心營運趨勢變化，以免股價折損股利收益
積極操作
股價利差為獲利重心
累積為保留或虧損非考量重心，多關注議題事件發展效應
留心交易頻率，以免交易成本侵蝕收益

資料來源：作者整理

4-6 各類型公積提存與運用

【4.4】與【4.5】中各類型公積的提列，依其是否具強制性質，可分類如下：

法定公積。即依法律之規定，強制必需提存，公司不能以章程或股東之決議予以取消或變更。可再分類如下：

法定盈餘公積。依公司法第二三七條規定，公司於完納一切稅捐後，分派盈餘時，應先提出百分之十法定盈餘公積。但法定盈餘公積，已達資本總額時，則可不再提列。

資本公積。其係因公司與股東間之股本交易所產生之溢價，包括超過面額發行普通股或特別股之溢價、受領股東贈與所得等。

法定公積可供下列情況使用：

法定盈餘公積應該先彌補虧損

填補公司虧損。本項為依公司法第二三九條規定，法定盈餘公積與資本公積之主要用途。且應先以法定盈餘公積彌補虧損，仍有不足時，才能動用資本公積。

撥充資本或發放現金。依公司法第二四一條規定，公司無虧損者，得依股東會決議將法定盈餘公積，暨因超過票面金額發行股票所得之溢額及受領贈與之所得產生之資本公積，之全部或一部分，按股東原有持股比例發給新股或現金。但法定盈餘公積，以提存金額超過公司實收資本額百分之二十五之部分為限。

任意公積。其係公司於前述法定公積以外，以章程或股東會之決議，特別提存之公積。此類公積因其提存之目的不同，得各在符合提存之目的下進行使用。且因此公積係基於章程或股東會決議所提列，故亦可經由變更章程或股東會再為新決議，而變其提存之目的及比例。

法定公積與任意公積

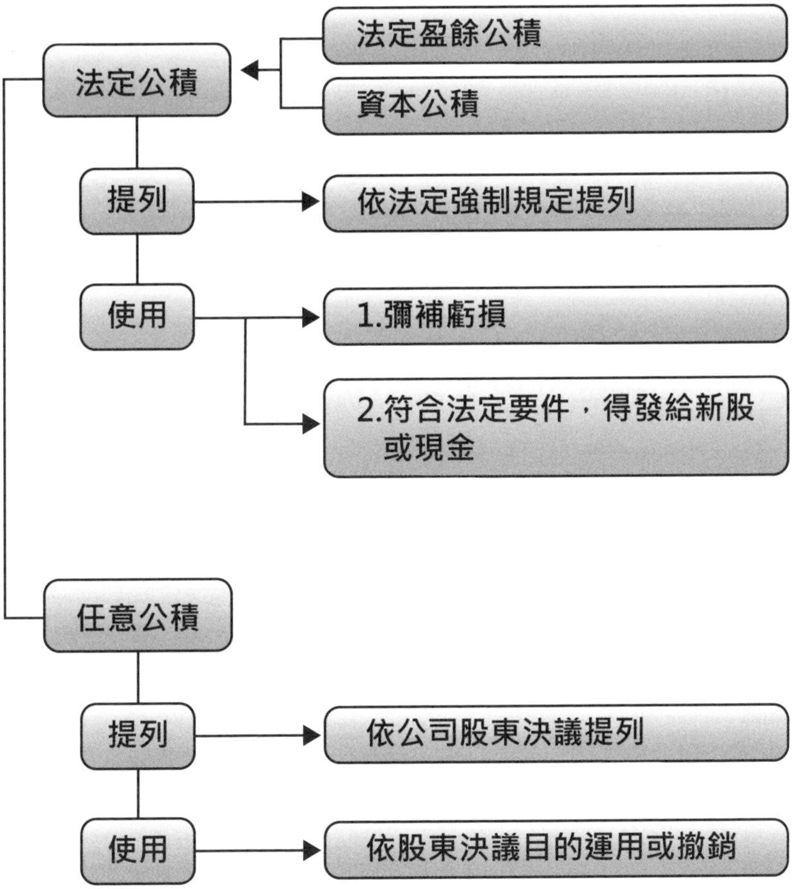

資料來源：作者整理

4-7 寅支卯糧沒有盈餘也可發股息

公司為了吸引策略投資人，沒賺錢也需咬牙發股息

原則上公司有盈餘時才能進行股息及紅利之分派，但基於公司個別營業需求，例外在下列情況下，無盈餘時也需要發放股息，該怎麼辦？

一、以公積發給新股或現金

即運用【4.6】所介紹的內容，依公司法第二四一條之規定，將符合要件之法定盈餘公積及資本公積，按股東原有股份之比例發給新股或現金。雖然名義上，不應稱為股息，但其實質效果是相當的，這需在公司無虧損的狀況下，方可適用。

二、分派建設股息

建設股息，或稱建業股息。係股份有限公司於開始營業前，在同時符合下列條件的前題下，分派予股東之股息。

公司需二年以上之準備，始能開始營業。公司依其業務性質，自設立登記後，需二年以上之準備，始能開始營業，當然無盈餘可供分派，此類公司如鋼鐵、造船等事業之經營，所需之資金較為鉅大，為使其能吸引投資者共同創業，法令特允許，當公司還處於籌建階段，仍然可以分派若干股息予股東。但實質上看來，此項分派並非盈餘，其實為股東部份出資額之返還。

需經主管機關許可。建設股息如前所述，實際上為股東出資額一部分之返還，為避免公司濫用，危及公司正常營業發展，所以需經主管機關之許可。

需於章程中明訂。建設股息之分派，實際上是寅支卯糧，且存在有理性上的經濟衝突。公司的籌建需要錢，為了使股東出錢，所以拿股東自己出的錢甚或是公司舉債而來的資金，派付予股東以誘發其投入更多的資金。理性上，建設股息對已出資的股東是有傷害的，對未來擬加入的投資者也是負面訊息。為使股東自負權責，法令特別規定公司需於章程中明訂，其分派之數額、方法。

應於公司開始營業前分派。建設股息之分派應在公司開始營業之前，一旦開始營業，不論設立登記是否已逾二年，均不得再行分派。

關於建業股息，最知名的案例就是台灣高鐵公司，其甚至在公司原始資金及其他融資管道皆已用盡時，但因相關工程建設仍尚須繼續投注資金，為解決資金困境即運用建設股息對外募資，之後於通車營運後停止發放，因而引發爭議訴訟。

寅支卯糧的建設股息

建設股息

↓

公司法第234條規定限制

↓

- 開始營業前需二年以上準備
- 需經主管機關許可
- 需於章程中明訂
- 應於公司開始營業前分派

著名案例：台灣高鐵公司

開始營業即停止發放	認股投資人不滿，引起訴訟爭議
投資金額大，獲利難	延伸閱讀 【3.17】慢活，另類會計魔術
寅支卯糧雪上加霜	台灣高鐵即將破產？政府接管？風波不斷

資料來源：作者整理

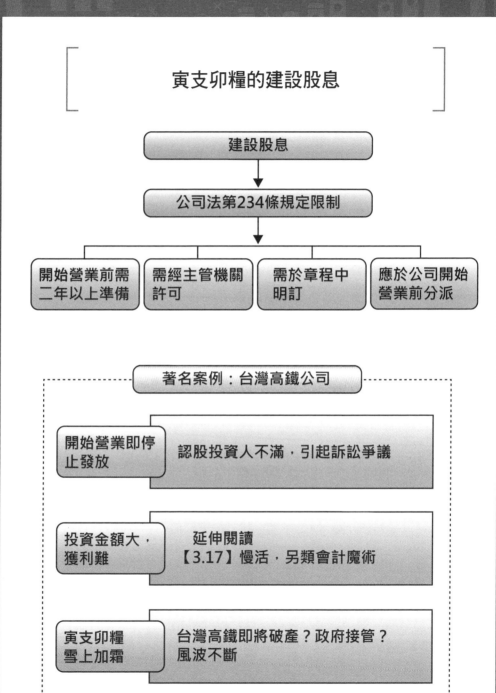

4-8 如何正確解讀其他權益

一、意義

其他權益指其他造成權益增加或減少之項目，包括下列會計項目：

(1)國外營運機構財務報表換算之兌換差額：指國外營運機構財務報表換算之兌換差額及國外營運機構淨投資之貨幣性項目交易，所產生之兌換差額。

(2)備供出售金融資產未實現損益：指備供出售金融資產，依公允價值衡量產生之未實現利益或損失。

(3)現金流量避險中屬有效避險部分之避險工具損益：指現金流量避險時避險工具屬有效避險部分之未實現利益或損失。

(4)未實現重估增值：指依法令辦理資產重估所產生之未實現重估增值等。

二、會計準則演變與投資決策觀點

我國自從與國際會計準則全面接軌後，改以「綜合損益表」來反映企業每一期間的經營績效。綜合損益表之「本期綜合損益」，包括「本期損益」與「本期其他綜合損益」二大項。每一期間所發生之「本期損益」結轉入資產負債表暨權益變動表之保留盈餘項下，即【4.5】所介紹之相關內容。每一期間所發生之「本期其他綜合損益」，即結轉至本節所介紹之「其他權益」。

「本期其他綜合損益」，這些項目的共同特性是：外在環境「價值」已變動，但主觀交易「價格」尚未成就。好似自住的房屋多年前以一千萬元購入，參考時價登錄資料，發現附近條件相若的鄰房成交價已達三千萬元，這二千萬元的價值變動，就似其他綜合損益的概念。日後實際交易發生時，將會再依各類交易性質與條件狀況，重分類至交易年度之本期損益。

對於投資人而言，目前其他權益有增值就先視為紙上富貴，雖求不得但樂觀其成。但其他權益有減損就需保守避險，還是敬而遠之吧！

其他權益與各報表之關連圖

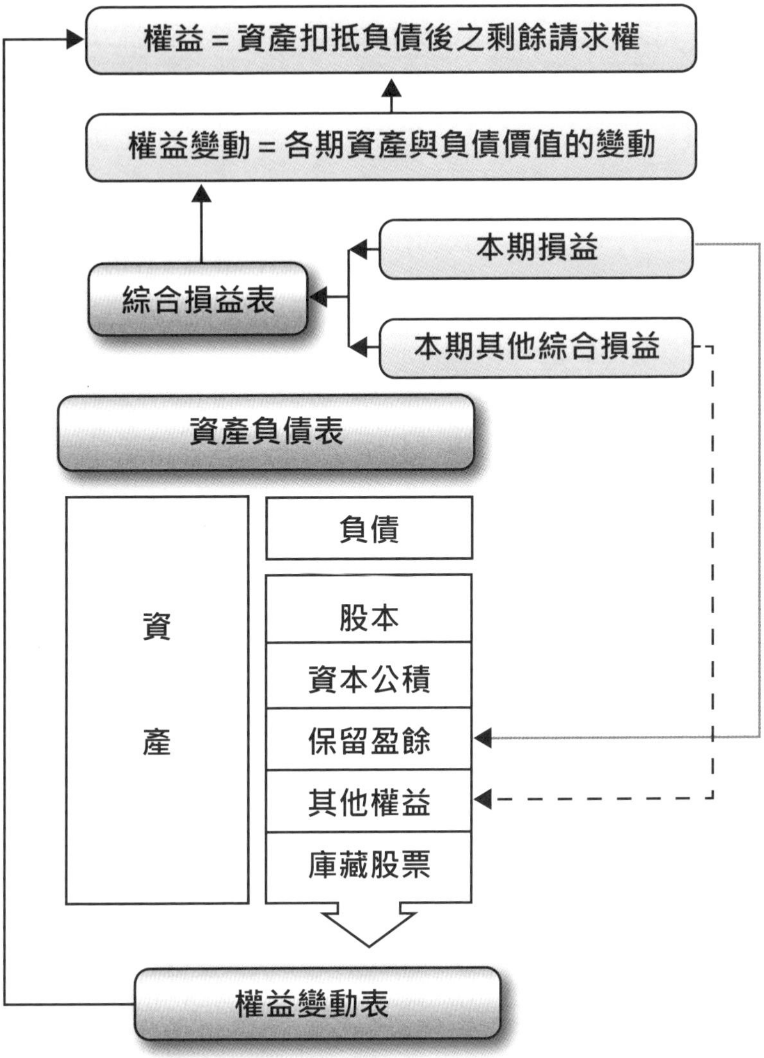

資料來源：作者整理

4-9 如何正確解讀庫藏股票

一、意義

所謂庫藏股票，係指公司將自己發行流通在外之股票予以收回且尚未註銷者。另一則發生於公司交叉持股的情況，若子公司持有母公司之股票，因其與母公司自行收回持有之經濟實質相同，故母公司於認列投資損益及編製財務報表（含合併財務報表）時，應將該部份之股票視為母公司之庫藏股票。

二、涉及之法令

庫藏股票之發生，承上所述之二種情況，一者係因公司間交叉持股於編製財務報表時，依經濟實質推定其屬收回之股份。另一種，則為公司依法定程序實際收回股份。公司在何種狀況下可實際收回已發行之股份？主要法源有二：

公司法第一六七條

依法規定，公司除有下列情況外，不得自將股份收回、收買或收為質物：

依公司法第一五八條，收回公司發行之特別股。

依公司法第一六七條之一，收買公司股份以轉讓於員工。

依公司法第一八六條，收買反對公司為出租全部營業等重要事項決議股東之股份。

依公司法第三一七條，收回反對公司合併決議股東之股份。

依公司法第一六七條，於股東清算或受破產之宣告時，按市價收回其股份以抵償其結欠公司之債務。

證券交易法第二十八條之二，上市櫃公司，有下列情事之一者，得經董事會特別決議依規定買回其股份，不受公司法第一六七條之限制：

轉讓給員工或作為員工認股權證行使認股權時所需之股票來源，以激勵員工士氣並留任優秀人才。

配合附認股權公司債、附認股權特別股、可轉換公司債、可轉換特別股或認股權憑證之發行，作為股權轉換之用。

為維護公司信用及股東權益所必要而買回，並辦理銷除股份者。

三、投資決策觀點

「某公司公告，即將於特定期間、以特定價格區間，買回自家公司的股票」，正常人知道後會如何因應？手上無該

庫藏股票計劃演進與股價之可能關連

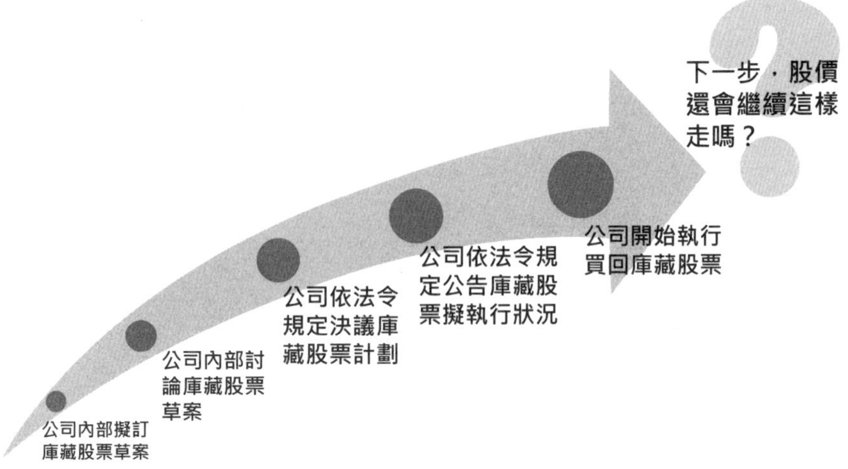
下一步，股價
還會繼續這樣
走嗎？
公司內部擬訂
庫藏股票草案
公司內部討
論庫藏股票
草案
公司依法令
規定決議庫
藏股票計劃
公司依法令規
定公告庫藏股
票擬執行狀況
公司開始執行
買回庫藏股票

資料來源：作者整理

公司股票者，立刻以目前較低的股價進行囤貨，之後再以該保證價格出售；有該公司股票者，暫時惜售待價格揚升再行出脫。

因此，在過去市場經驗，公司宣告買回庫藏股票，總能在短期內激勵股價。但投資人需瞭解，這整個事件從公司擬訂、討論、決議至公告前，已有多少人知道這項訊息，這些人的可能反應又是如何。

下次，投資人若只想搭著公司庫藏股票的順風車，一定要先評估自己取得訊息的效率，同時別忘了動作要快！極快！

4-10 企業盈餘分配與投資人稅賦的考量

在商業會計法中，強制規定企業應於會計年度終了後六個月內，將企業之決算報表提請出資人、合夥人或股東承認。在公司法中亦有關於會計之特別規定，其要求每屆營業年度終了，公司董事會應編製的報表，除了之前我們已介紹的資產負債表、綜合損益表、權益變動表、現金流量表外，尚需擬具盈餘分派或虧損撥補之議案。

對於盈餘如何處理，雖然最終需交由股東大會決定，但實務上，因多數股東泰半未實際參與公司經營，幾乎都以董事的議案為依歸。在中小型企業組織中，盈餘如何分配，除考量企業資金調度外，企業本身與出資者的稅賦效果，常是決策關注的焦點。

企業年度決算後之盈餘，是否分派股息或紅利，其係屬企業自治之行為，可由企業決策者綜合考量企業中長期發展計劃、未來營運資金需求情況、資本結構、股利政策、股東性質與股利稅負等因素，再予決定；上市櫃公司有時尚需考量對股價的可能影響。但無論如何，企業未來前景規劃應列為第一優先。

股東賦稅高低影響決策

不容諱言，股東賦稅效果確實是整體決策的影響因素之一，雖然其不應是唯一考量。目前我國為避免公司股東規避稅賦，故於所得稅法第六十六條之九規定：自民國八十七年度起，營利事業當年度之盈餘未作分配者，應就該未分配盈餘加徵百分之十營利事業所得稅。

換言之，企業年度結算有盈餘，若不欲分配，即需就當年度之盈餘再多課百分之十所得稅。因此盈餘分配與否，除了與股東有關亦與公司的稅賦攸關。但不同組織別的企業，企業盈餘之分配策略確實會使出資人之賦稅情況產生差異。

企業盈餘分配與投資人稅賦的考量

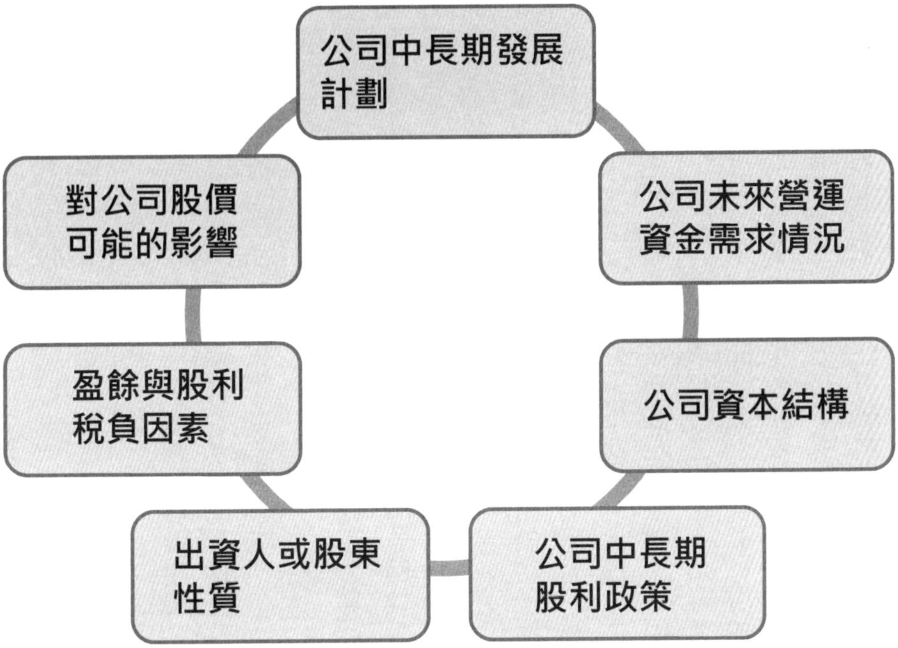

資料來源：作者整理

4-11 不同組織架構下盈餘課稅之評比

依所得稅法第十四條之規定，營利事業之合夥人每年度應分配之盈餘，或獨資資本主每年自其獨資經營事業所得之盈餘總額，應併入資本主或合夥人之個人當年度綜合所得總額內，以計算應納之綜合所得稅。也就是說，不論資本主是否已實際提取獨資企業的盈餘、或合夥事業是否已實際將盈餘分配予各合夥人，企業於完成當年度營利事業所得稅結算申報後，營利所得就應立即併入資本主或合夥人同一年度之個人綜合稅總額，以計算其個人應納稅額。

我國自民國八十七年度起實施兩稅合一之全部合一制，為避免重覆課稅，獨資與合夥組織只申報不納稅，而係直接將結算之盈餘如前所述併予資本主或合夥人，依其綜合所得稅計算結果繳納稅款。

但自民國一〇四年度起，改採部份合一制，獨資與合夥組織需先依規定計算繳納半數營業事業所得稅，之後再以營利事業所得額減除該半數稅額後之餘額，由獨資資本主或合夥組織合夥人列為個人之營利所得。

盈餘分配由股東會決定

公司組織的盈餘是否分配，需於年度結算完成後，依法經股東會決議通過方可為之。故當年度之盈餘，通常於次年度召開股東會議決後才可進行分配，再於實際分配年度列入股東之所得。但公司亦可決議暫不分配，選擇加徵百分之十營利事業所得稅，在此情況下，看似有增加所得稅的負擔，實則不然。因我國自八十七年度起實施兩稅合一制，即公司繳納之營利事業所得稅，得於盈餘分配時，由其股東將獲配股利總額所含之稅額，自當年度綜合所得稅結算申報應納稅額中扣抵。至民國一〇三年度在兩稅合一制度下，營利事業階段所繳納之營利事業所得稅，僅似預繳稅款，實質稅負則回歸至投資人之綜合所得稅。

民國一〇四年度起改為減半課稅，股東獲配股利總額所含之稅額，僅能就其中之半數，自當年度綜合所得稅結算申報應納稅額中扣抵。此舉實質係加重對於股利所得之稅賦。

不同於獨資、合夥組織均需於盈餘產生年度，將盈餘併入投資者個人綜合所得中課稅；公司組織的盈餘分配，則係於次年度股東會決議分配後，才歸入投資者的所得，呈現出延後課稅的時間利益。且在公司組織中，盈餘分配與否，亦或選擇盈餘轉增資配發股票股利、或考量投資者之需求進行租稅規劃，均較獨資合夥組織更具彈性。

組織架構與盈餘課稅

民國103年度之盈餘稅率分析

	獨資、合夥	公司組織		備註計算
	組織	盈餘分配	盈餘不分配	
營利事業所得稅	-	17%	17%	營利事業所得稅之邊際稅率為17%
加徵 10%所得稅	-	-	8.3%	(1-17%)×10%=8.3%
投資人綜合所得稅	40%	23%	-	40%-17%=23%
合計	40%	40%	25.3%	綜合所得稅之最高邊際稅率為40%，假設投資人年所得淨額達 440 萬以上。

民國104年度之盈餘稅率分析（註1）

	獨資、合夥	公司組織		備註計算
	組織	盈餘分配	盈餘不分配	
營利事業所得稅	8.5%	17%	17%	營利事業所得稅之邊際稅率為17%，獨資合夥之稅額，請詳內文說明。
加徵 10%所得稅	-	-	8.3%	(1-17%)×10%=8.3%
投資人綜合所得稅	45%	36.5%	-	營利事業所得稅之邊際稅率為17%，但僅半數可由投資人扣抵。 45%-(17%*0.5)=36.5%
合計	53.5%	53.5%	25.3%	綜合所得稅之最高邊際稅率為45%，假設投資人年所得淨額達 1,000 萬以上。(註 2)

註1：自民國104年度起股利可扣抵稅額減半；且個人年度所得淨額超逾1,000萬元以上之部份，適用之邊際稅率調升為45%。此次稅制調整，號稱史上最大加稅案。

註2：為與民國103年度資料進行比較，若投資人年所得淨額未超逾1,000萬元，適用綜合所得稅之最高邊際稅率仍為40%時，實質稅負比率仍因【註1】所述調整上升至48.5%讀者可自行試算。

資料來源：作者整理

4-12 參與除權息或及早出脫

財政部推動號稱中華民國歷史上最大加稅案，於二零一四年五月經立法院三讀通過，於二零一五年起全面實施。其中與投資人息息相關的項目有大戶條款、富人稅及股利可扣抵稅額減半。其中大戶條款，因二零一四年十一月二十九日縣市長及議員選舉，執政黨大幅挫敗，被解讀為是對政策的不信任投票。後於二零一四年十二月間緊急將其延後三年實施。

富人稅是指調整個人年度所得淨額超逾一千萬元以上之部份，增加適用邊際稅率為百分之四十五，本方案有產業龍頭董座出面響應，因此檯面上相對風平浪靜。股利可扣抵稅額減半一案，雖經各方論戰不休醞釀翻案，但終究功敗垂成。因此後二案，確定自二零一五年起全面實施。

股利可扣抵稅額減半，係調整我國境內居住個人股東，獲配股利取得之可扣抵稅額，只能減半扣抵綜合所得稅；股東若為非境內居住者，原僅有因屬加徵百分之十營利事業所得稅部分，方可准予抵減扣繳稅額，也同步調整為僅可半數抵減。經由【4.11】試算的評比，可看出可扣抵稅額減半，致使取得股利所得的租稅負擔大幅增加。

高所得者都可能將資金撤出台灣

影響所及，除適用所得稅率級距較低之個人投資者，暨可扣抵稅額不高的投資標的衝擊較小外，誠如許多投資專家預測，投資人可能基於稅賦考量，將於公司除權息前出售持股，選擇以價差代替股息，甚或將資金配置撤出台灣，對於股市行情有壓抑效果。

又每年第二季為電子業傳統營運淡季，再加上將預期因股利可扣抵減半效應，可能引發較大的棄權息賣壓潮，可能使股市震盪呈現拉回修正走勢。投資人可審斟自身稅負狀況暨投資標的基本體質，因應規劃投資策略。

由稅賦觀點考量除權息

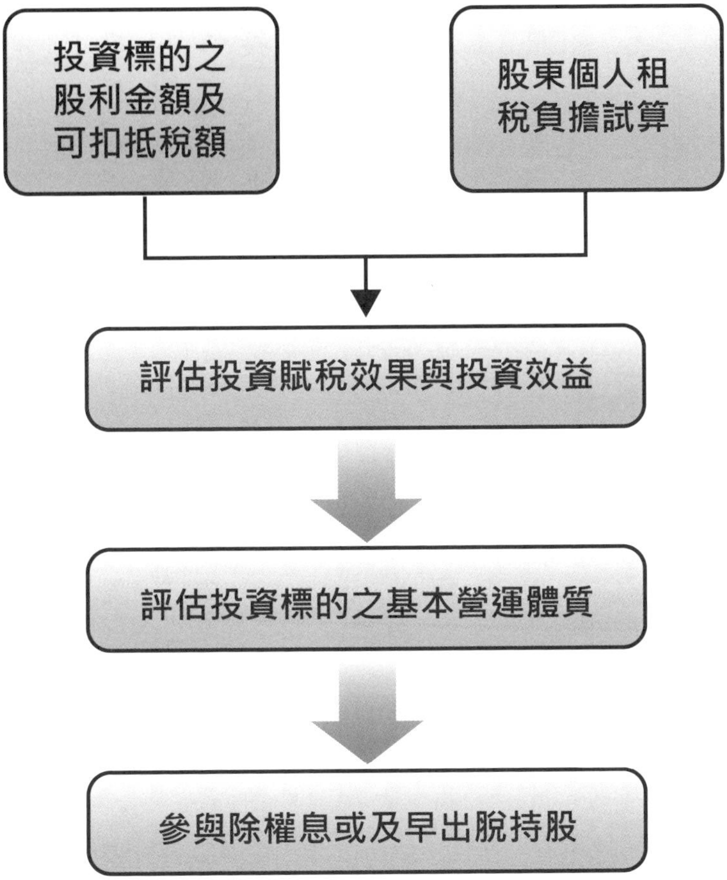

資料來源：作者整理

4-13 投資人身分與轉投資稅賦效果

在【4.11】談到投資公司組織在股利收益具有時間利益，或者【表4.11】盈餘不分配之邊際稅率最低。這些因素構面，隱喻著轉投資架構不同稅賦效果亦不相當。難怪許多家族企業，都籌組投資公司進行操作。那麼究竟應以股東個人進行投資，或公司組織進行轉投資，何者較有利？

首先，我們先來認識公司組織轉投資收益的課稅規定。依據所得稅法第四十二條之規定，公司組織之營利事業，因投資於國內其他營利事業，所獲配之股利淨額或盈餘淨額，不計入所得額課稅，其可扣抵稅額，應依同法第六十六條之三規定，計入其股東可扣抵稅額帳戶餘額。

而公司組織所取得之投資收益，在計入保留盈餘後，即會因公司轉投資架構與層級的多寡，呈現出延後課稅之時間差，即【4.11】提及的時間利差。故轉投資層級愈多，其延稅效果愈大。

且公司之保留盈餘為一累積帳戶，投資收益在直接計入保留盈餘之後，即可與公司之以前年度累積虧損、本期淨損等項目發揮跨年度盈虧互抵的效益，使公司之股東無需為該筆轉投資收益立即負擔稅捐。

自然人可轉變所得類別

在以自然人股東名義轉投資時，則不適用所得稅法第四十二條之規定，而適用所得稅法第十四條第一項第一款之規定，於取得投資收益之當年度計入個人之營利所得，並於同年度列入綜合所得總額。

相較於前述公司組織之規劃空間，個人投資者雖無法針對課稅時點有所選擇，但卻可經由不參與除權或除息，而在被投資公司盈餘分配基準日之前出售持股，使投資收益轉變為證券交易所得，再適用現行所得稅法第四條之一，證券交易所得停止課徵所得稅之規定。此透過所得類別的轉變，亦能達到租稅規劃之目的。

投資者身分對投資收益租稅效果的比較

投資者	投資收益之租稅效果比較
自然人	1. 投資收益需於當年度計入綜合所得總額。 2. 透過投資收益與資本利得的轉換，可達成實質免稅的效益。
公司組織	1. 投資收益計入保留盈餘，待次年度股東會議決時再分配，若不分配需加徵 10%營利事業所得稅。 2. 股東會決議分配時，才計入股東個人所得，具延稅效果。 3. 經由保留盈餘之規劃，可發揮盈虧互抵之效果。 4. 可扣抵稅額，需受所得稅法第六十六條之六分配比率之限制。

資料來源：作者整理

4-14 投資損失的殘餘價值

在進入主題之前，我們先簡單推論投資損失如何發生。多半導因於被投資公司營運虧損，被投資公司無盈餘可配發股息，投資人無奈賠本出脫持股。換言之，投資損失是交易價差上的金錢損失。

目前我國對於證券交易所得及期貨交易所得，停止課徵所得稅，因此法令亦不准相關損失自所得額中減除。又個人綜合所得稅之計算，是以綜合所得總額為基礎，而綜合所得總額計由十類所得所構成，投資損失並不得減除，故發生投資損失，對於個人綜合所得稅之計算，實不具意義。

非自然人之公司組織發生投資損失，其抵稅效益顯異於上述狀況。投資損失之認定，依據營利事業所得稅查核準則第九十九條規定，以已實現者為限，且應以所投資事業之減資或清算文件為佐證。

故企業轉投資其他公司，依權益法按持股比例所認列之投資損失，因原出資額並未折減，在稅法上需待被投資公司實際辦理減資或清算時，方可認定為已實現。

投資損失的殘餘價值可由租稅效果顯現

雖然如前提及，證券及期貨交易所得因停止課徵所得稅，因此損失亦不准自所得額中減除。但公司組織發生已實現之投資損失時，其可併計當年度之損益結算後，再計入企業之保留盈餘（或累積虧損），進而產生盈虧互抵之效果。相關報表結轉狀況，可參閱【4.8】所示。

綜上所述投資損失之殘餘價值，可藉由租稅效果而顯現。惟轉投資的結果可能有賺有賠，單由其中一方考量時，難免會掛一漏萬，投資人可多方綜合評估不同方式的效益，抉選最有利的操作架構。

投資損失租稅效果比較表

投資者	投資損失之租稅效果比較
自然人	投資損失不可抵減其他收益，故不具意義。
公司組織	1.已實現之投資損失可與當年度之其他營業收益或投資收益相抵減。 2.不足抵減之數，經計入保留盈餘，可持續產生盈虧互抵之效果。

資料來源：作者整理

4-15 別輕忽了投資交易成本

投資是需要成本。無形的成本，是心力與精神的付出，也許是面對買賣抉擇時的忐忑與不安，也許是股價遭遇空襲亂流時的食不知味與輾轉反側。有形的成本，就是投入的資金。一旦發現所託非人，儘早懸崖勒馬也是投資的一種大智慧。

轉換投資也需要成本。一般投資關係的轉換或中止，繁簡程度不一。在此，我們聚焦於上市櫃股票投資，來檢視每一次交易有形的投資成本。

股票交易市場與制度是由政府所建置與維護，想要在這市場裡做點小買賣，當然需要付費，這個費用即是「證券交易稅」。但這市場很大、規矩很多，需要仰賴中間人傳遞買賣雙方的意向並確認買賣標的移轉狀況，這個中間人就是券商。

我們接受券商的服務也需要付費，這個費用稱為「手續費」。政府需要愛民如子一視同仁，所以大戶、散戶的證券交易稅都相同。但券商則不同，雖然法令有公開訂價原則，券商為爭取顧客，會針對個別狀況給予不等的優惠。

買賣均需支付交易成本

買賣上市櫃股票的交易成本計算，暫不考量券商可能給予的折扣優惠下，彙整列示於【附圖】。投資不僅有風險，且每一次買、賣都必需付出交易成本。這樣的事實，是要提醒所有投資人，頻繁的轉換投資標的，會讓證券交易稅與手續費侵蝕了好不容易攢下的獲利。

投資人無需因為交易成本，而對於投資的持有與轉換裹足不前，持平的作法應是在設定投資停損點、或滿足點時，別忘了要先涵蓋這項交易成本。

買賣股票時，需負擔的成本

	證券交易稅	券商手續費
買	✗	✓ 1.425‰
賣	✓ 3‰	✓ 1.425‰

資料來源：作者整理

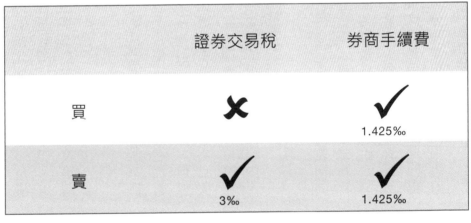

4-16 調整眼光 解讀現金流量表

公司有賺錢，銀行帳戶怎麼沒錢了？公司沒賺錢，銀行帳戶的錢哪來的？答案就在現金流量表裡。

綜合損益表之「本期綜合損益」，係由「本期損益」與「本期其他綜合損益」所構成。「本期其他綜合損益」，可參閱【圖2.1】下半所列示各項，在本期內公允價值變化的情況即構成之，其完全與現金無關。

而「本期損益」，是依權責基礎所計算出的營運成果，縱使年度綜合損益表結算後是純益，也不代表公司的帳戶裡就會多出等量的資金。

在各報表中，資產負債表說明企業在特定日的財務狀況，比較前後兩期之資產負債表，可得知在此期間各資產、負債及權益等項目變動之淨額，但無法獲悉企業完整投資及籌資活動之情況。

綜合損益表及權益變動表雖係說明企業在特定期間之經營成果及權益之變動情形，但無法具體表達營業活動現金流量之資訊。因此想要全方位瞭解公司資金的流向，就需經由現金流量表。

現金流量表中，將報表期間之資金流入流出狀況，分為營業活動現金流量、投資活動現金流量、籌資活動現金流量。現金流量表是以現金基礎的觀點，分類呈現公司實際現金的流入與流出。

現金流量是重要觀察指標

現金流量，一直是各界在進行財務報表分析時觀察與注目的焦點。現金流量，不僅代表企業當下繼續營運的動力，也是觀察企業未來營業擴充的潛力。

正因為錢不是萬能，但沒錢則的確萬萬不能。企業內部管理者關注現金的管理，除為維持日常營運基本所需外，更需因應任何可能突發的危機與轉機。企業外部投資者或融資者，對於企業現金流量的觀察重點，除了保守的考量投資報酬的回收外，例如股利與利息的發放；尚應併同考量企業收入的變化、營業規模的擴充，因為這些因素的考量，反映著企業營業風險，也代表日後償還本金的能力。

綜合損益表、資產負債表與現金流量表

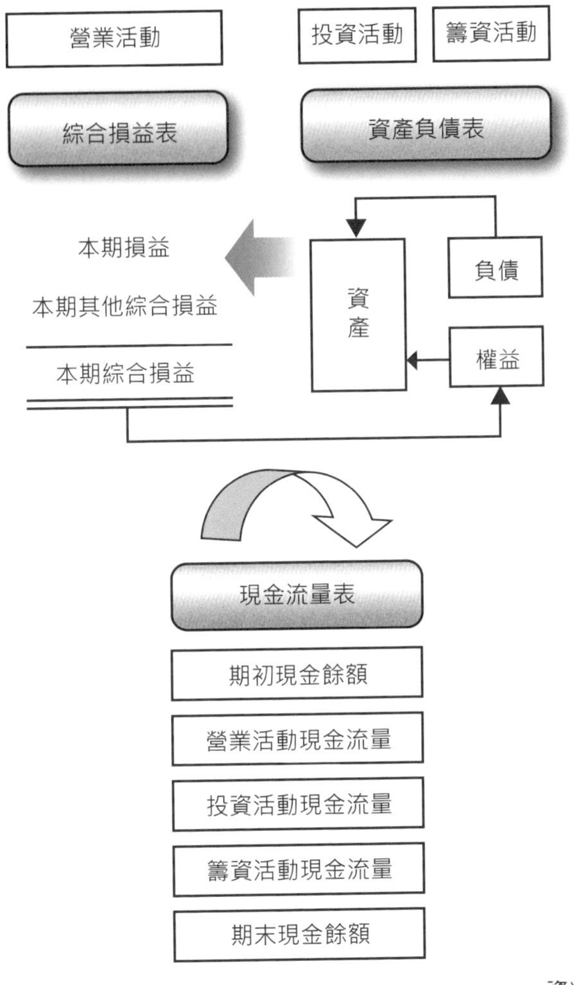

資料來源：作者整理

4-17 營業活動現金流量的解讀

結算明明是獲利，為什麼資金卻不見增加？本期淨利是依據權責基礎而來，其中有收入可能尚未實際收款，較令人憂心的是如【3.10】所介紹的奧客交易。正常情況，下列營業活動模式常會造成企業整體現金水位下降：

給付供應商貨款的速度，較對客戶收款的速度快

此一狀況在營運規模愈大時，其影響愈明顯。企業為提供給客戶商品或勞務，除了需向外部供應商採購原物料及相關配件外，尚需投入企業內部人力與辦公設備等各項資源。企業為維持本身商業信譽，對於薪資、水電費、原物料進貨款等，均需按期給付。因此一旦對客戶收款的速度較營運成本給付速度慢時，企業的資金缺口即會擴大。

應收款項大幅成長 呆帳風險也高

應收款項包括因銷售貨物或勞務等主要營業活動所產生之應收票據及應收帳款。在目前商業習慣上，除少數行業以現金交易外，多數產業為節省買賣雙方之交易成本，會採按月結算貨款，再依彼此之約定方式給付。

例如按月結算後，再收取二到三個月不等的期票。一旦企業給予客戶的結算期愈長，顯現在報表上的應收款項金額就會愈大，企業資金成本負擔愈重，相對發生呆帳的風險也愈高。

存貨大幅成長，行銷策略有問題

企業投資在存貨的金額增加，有正、反雙重意義。若是因為接獲大量訂單，提高庫存量為履行交易所必需，則對企業而言是項好消息。反之，庫存量攀升是因消費市場改變、商品滯銷所致，則顯示出企業的庫存管理、行銷策略有審慎檢討的必要。

因為除了極少數的商品外，持有存貨的成本，除購入資金外，尚包括倉儲保管成本，且需承擔存貨可能毀損、變質、甚或是跌價的損失。

若企業結算後本期淨利有盈餘，但現金流量表中來自營業活動之現金流量卻為負值，為企業重大營運警訊，背後原因投資人不可輕忽。

營業活動現金流量

綜合損益表

收　益
費　損
稅前淨利
所得稅
本期損益(B)
本期其他綜合損益
本期綜合損益

現金流量表

營業活動現金流量
稅前淨利
不影響現金流量之收益費損項目(C)
與營業活動相關之資產負債變動數(D)
支付所得稅
營業活動淨現金流量(A)

營業活動現金流量解讀重點：

比較營業活動現金流量(A)與本期損益(B)
↓
設備折舊與攤銷因未動用現金而加回(C)
↓
營業相關資產負債(D)是否與本期營業狀況相當
↓
營業規模無重大異動時，因為C，A通常大於B

資料來源：作者整理

4-18 投資活動現金流量的解讀

在開始審視現金流量表中的投資活動之前，我們要先介紹現金流量表的編製方式。綜合損益表中本期損益的內容大多涉及營業活動，只是收入與成本費用依權責基礎認列，與實際現金收付時點可能存有差異；因此透過本期損益的資料，調整收付時間性差異造成相關資產負債增減狀況，即是營業活動現金流量的雛型架構。再調整未實際在本期動用現金的收益與費損，例如採權益法認列之投資收益、折舊與攤銷等。

此外，投資活動相關的損益，因已含攝於本期損益之中，惟其不應計入營業活動現金流量，且為將該交易完整現金流量表達於投資活動項下，故於報表編製初始，亦先予調整。這樣由本期損益調整推演出營業活動現金流量的編製方式，會計學理上稱之為「間接法」，我國多數企業採行之。另有「直接法」，則是透過逐筆檢視企業每一交易的現金影響數，再歸結彙編成報表。

解讀現金流量需先了解企業的長期佈局

解讀投資活動現金流量，一定要先對企業中長期營運佈局與發展規劃有基本認識。財務報表附註中，關於企業沿革與營業的概述，是有幫助的訊息管道，但仍需投資人多加留心相關產業動態與企業發展脈動。

首先，整體性俯瞰營業活動、投資活動與籌資活動，三大類的現金流量狀況，以瞭解該期間企業現金消長的輪廓。繼之以該期間新增或減少哪些投資活動；新增投資活動的資金來源是否健康，其與企業未來發展有何關聯；投資可為企業帶來多少收益；中止投資是否影響企業未來發展；處分投資的損益有多少；投資交易是否涉及關係人；交易的發生有無圖利特定人；交易的進行是否符合營業常規等。這些都是解讀投資活動現金流量時，應一一斟酌的議題。

投資活動現金流量

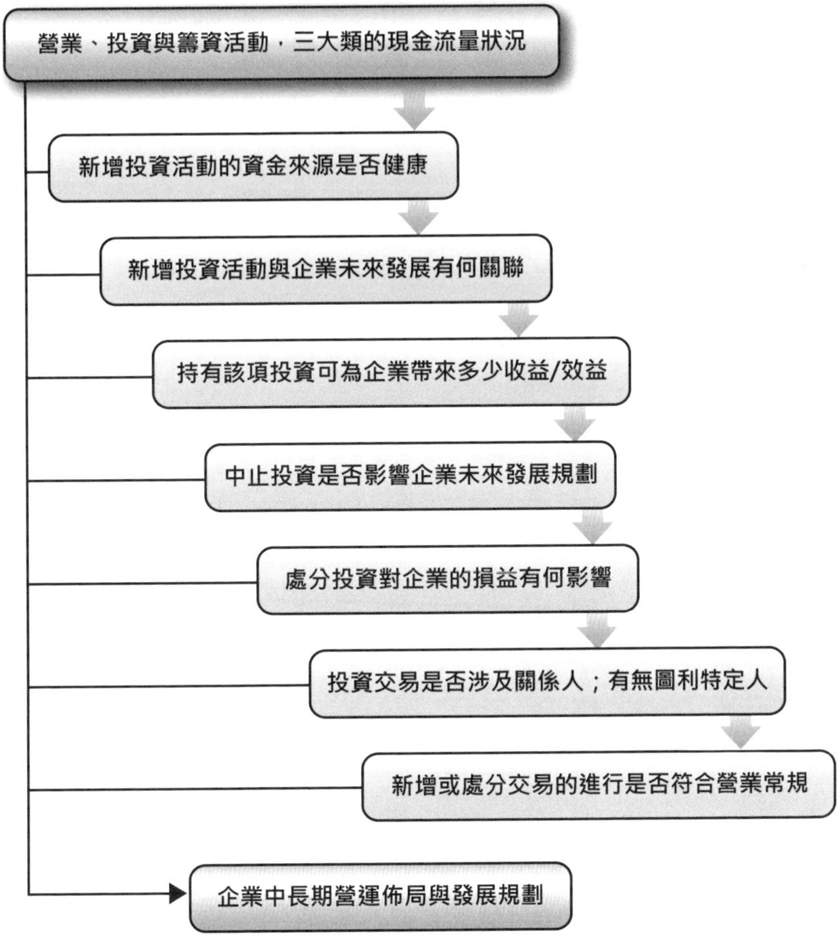
營業、投資與籌資活動，三大類的現金流量狀況
新增投資活動的資金來源是否健康
新增投資活動與企業未來發展有何關聯
持有該項投資可為企業帶來多少收益/效益
中止投資是否影響企業未來發展規劃
處分投資對企業的損益有何影響
投資交易是否涉及關係人；有無圖利特定人
新增或處分交易的進行是否符合營業常規
企業中長期營運佈局與發展規劃

資料來源：作者整理

4-19 籌資活動現金流量的解讀

籌資活動現金流量的項目，在現金流量表上看來是相對單純的。資金流動的主要項目不外乎：

引發現金流入的籌資活動。

舉借負債、發行公司債、發行權益證券、現金增資、庫藏股票處分等。

引發現金流出的籌資活動。

償還借款、收回公司債、收回權益證券、減資退還股款、買回庫藏股票、支付公司債發行成本、發放現金股利、支付利息等。

負債與權益要平衡

籌資活動的交易考量，主要與資產負債表中「負債」與「權益」的平衡配置有關。公司對使用這二大類資金所需付出的現金成本，前者為利息，後者為股利。

利息是一定必須支付的代價；股息雖無必負的義務，但股息有配發的壓力，也是不爭的事實。二者的權衡運用一直是財務管理上的重大議題，有時管理當局也傾向配發股息，以換取股東對其經營權的支持。

另一方面，外部借款人對於公司經營無從干涉，可使管理當局專注於公司價值創造，無需投入過多的溝通成本，只要能按時付息還本即可。

舉借的利息可以作為應稅所得的扣減項目，具有租稅上的優勢。當公司運用借款資金的效益超過負擔的利息成本時，創造出的超額利潤即歸股東享有，是為有效率與效益的財務槓桿。

權益資金需強有力的監督

權益資金的最大好處是無固定成本、無到期償還壓力。這樣的寬鬆自由，在公司營運狀況很好時，若缺乏強有力的監督，易使管理當局因資源充沛而有特權消費之虞，例如豪華座駕、宮廷般辦公室、甚或是私人專機。

借款到期償還的壓力，有時是這些特權揮霍的天然屏障，逼迫管理當局在有限時間內聚焦於創造還本付息的現金流量。畢竟走在槓桿上是有風險的，一不小心摔下來，面對財務危機的風暴，縱使倖存但已是遍體鱗傷元氣盡失。

籌資活動現金流量

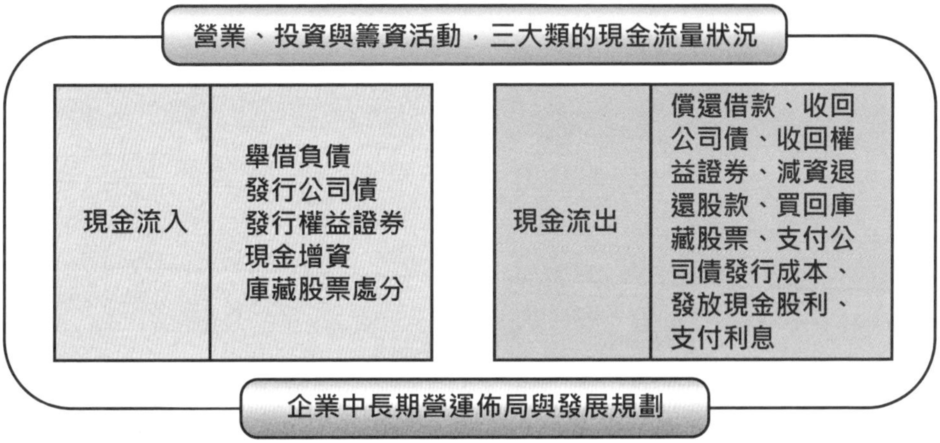

現金流入	舉借負債 發行公司債 發行權益證券 現金增資 庫藏股票處分	現金流出	償還借款、收回 公司債、收回權 益證券、減資退 還股款、買回庫 藏股票、支付公 司債發行成本、 發放現金股利、 支付利息

企業中長期營運佈局與發展規劃

資料來源：作者整理

國家圖書館出版品預行編目資料

會計師掛保證！100張圖讓你選好股、真利多：投資股票一定要懂的4大財務報表

/ 呂欣諄：-- 初版 -- 新北市 ： 台灣廣廈 2014.12

面： 公分

ISBN 978-986-130-267-6 (平裝)

1. 財務報表 2. 股票投資

495.47 103020731

會計師掛保證！100張圖讓你選好股、真利多：
投資股票一定要懂的4大財務報表

作者 WRITER　呂欣諄

出版者 PUBLISHING COMPANY　台灣廣廈出版集團
Taiwan Mansion Books Group
財經傳訊出版

登記證　局版台業字第6110號

發行人／社長 PUBLISHER／DIRECTOR　江媛珍 Jasmine Chiang

主任 DIRECTOR　方宗廉 Tom Fang

地址　235新北市中和區中山路二段359巷7號2樓
2F., No.7, Ln. 359, Sec. 2, Zhongshan Rd., Zhonghe Dist.,
Xinbei City 235, Taiwan (R.O.C.)

電話 TELEPHONE NO.　886-2-2225-5777

傳真 FAX NO.　886-2-2225-8052

電子信箱 E-MAIL　TaiwanMansion@booknews.com.tw

美術主編　張晴涵 Sammy Chang

法律顧問　第一國際法律事務所 余淑杏律師
北辰著作權事務所 蕭雄淋律師

製版／印刷／裝訂　東豪／弼聖／秉成

郵撥戶名　台灣廣廈有聲圖書有限公司
（購書300元以內外加30元郵資，滿300元(含)以上免郵資）

劃撥帳號　18788328

代理印務及圖書總經銷　知遠文化事業有限公司

訂書專線　886-2-2664-8800

出版日期　2017年4月初版2刷

網址 www.booknews.com.tw　www.booknews.com.tw 博・訊・書・網